隰县
耕地地力评价与利用

张 婷 主编

U0324137

中国农业出版社

内容简介□□□□□□□□□□□□□□□□□□□

　　本书是对山西省隰县耕地地力调查与评价成果的集中反映，是在充分应用"3S"技术进行耕地地力调查并应用模糊数学方法进行成果评价的基础上，首次对隰县耕地资源历史、现状及问题进行了分析、探讨；并应用大量调查分析数据对隰县耕地地力、中低产田地力、耕地环境质量和果园状况等做了深入细致的分析；揭示了隰县耕地资源的本质及目前存在的问题，提出了耕地资源合理改良利用意见，为各级农业科技工作者、各级农业决策者制订农业发展规划，调整农业产业结构，加快绿色、无公害农产品基地建设步伐，科学施肥，退耕还林还草，保证粮食生产安全，进行节水农业、生态农业以及农业现代化、信息化建设提供了科学依据。

　　本书共七章。第一章：自然与农业生产概况；第二章：耕地地力调查与质量评价的内容和方法；第三章：耕地土壤属性；第四章：耕地地力评价；第五章：中低产田类型分布及改良利用；第六章：耕地地力评价与测土配方施肥；第七章：耕地地力调查与评价应用研究。

　　本书适宜农业、土肥科技工作者以及从事农业技术推广与农业生产管理的人员阅读与参考。

编 写 人 员 名 单

主　　编: 张　婷

副 主 编: 宋元元　韩贵生　贠海龙　范敏正

编写人员 (按姓名笔画排序):

王水莲	王金平	王根平	王根明
冯　洁	杜　鹤	李向勇	李利民
李海清	杨秀梅	宋福平	张小龙
张芳莲	张忠彦	张学良	岳双明
金成山	郑俊清	屈丰年	贺瑞清
曹慧泽	常计英	韩林明	韩俊明
雷丽萍	翟林福		

序

农业是国民经济的基础，农业发展是国计民生的大事。为适应我国农业发展的需要，确保粮食安全和增强我国农产品竞争的能力，促进农业结构战略性调整和优质、高产、高效、安全、生态农业的发展。针对当前我国耕地土壤存在的突出问题，2009年在农业部精心组织和部署下，隰县列为测土配方施肥项目县，根据《全国测土配方施肥技术规范》积极开展测土配方施肥工作，同时认真实施耕地地力调查与评价。在山西省土壤肥料工作站、山西农业大学资源环境学院、临汾市土壤肥料工作站、隰县农业委员会广大科技人员的共同努力下，于2012年完成了隰县耕地地力调查与评价工作。通过耕地地力调查与评价工作的开展，摸清了隰县耕地地力状况，查清了影响当地农业生产持续发展的主要制约因素，建立了隰县耕地地力评价体系，提出了隰县耕地资源合理配置及耕地适宜种植、科学施肥及土壤退化修复的意见和方法，初步构建了隰县耕地资源信息管理系统。这些成果，一是为全面提高隰县农业生产水平，实现耕地质量计算机动态监控管理，适时提供辖区内各个耕地基础管理单元土、水、肥、气、热状况及调节措施提供了基础数据平台和管理依据；二是为各级农业决策者制订农业发展规划，调整农业产业结构，加快绿色食品基地建设步伐，保证粮食生产安全以及促进农业现代化建设提供了最基础的第一手科学资料和最直接的科学依据；三是为今后大面积开展耕地地力调查与评价工作，实施耕地综合生产能力建设，发展旱作节水农业、测土配方施肥及其他农业新技术普及工作提供了技术支撑。

　　本书系统地介绍了耕地资源评价的方法与内容，应用大量的调查分析资料，分析研究了隰县耕地资源的利用现状及问题，提出了合理利用的对策和建议。该书集理论指导性和实际应用性为一体，是一本值得推荐的实用技术读物。我相信，该书的出版将对隰县耕地的培肥和保养、耕地资源的合理配置、农业结构调整及提高农业综合生产能力起到积极的促进作用。

2013 年 10 月

耕地是人类获取粮食及其他农产品最重要、不可替代、不可再生的资源，是人类赖以生存和发展的最基本的物质基础，是农业发展必不可少的根本保障。新中国成立以来，山西省隰县先后开展了两次土壤普查，两次土壤普查工作的开展，为隰县国土资源的综合利用、施肥制度改革、粮食生产安全作出了重大贡献。近年来，随着农村经济体制的改革以及人口、资源、环境与经济发展矛盾的日益突出，农业种植结构、耕作制度、作物品种、产量水平，肥料、农药使用等方面均发生了巨大变化，产生了诸多如耕地数量锐减、土壤退化污染、次生盐渍化、水土流失等问题。针对这些问题，开展耕地地力评价工作是非常及时、必要和有意义的。特别是对耕地资源合理配置，农业结构调整，保证粮食生产安全，实现农业可持续发展有着十分重要的现实意义。

隰县耕地地力评价工作，从 2009 年 6 月底开始至 2012 年 10 月结束，完成了隰县 3 镇、5 乡、97 个行政村的 30.9 万亩耕地的调查与评价任务。3 年共采集土样 3 600 个、调查访问了 300 个农户的农业生产、土壤生产性能、农田施肥水平等情况；认真填写了采样地块登记表和农户调查表，完成了 3 600 个常规样品化验，1 100 个中微量元素分析化验、数据分析和收集数据的计算机收录工作；基本查清了隰县耕地地力、土壤养分、土壤障碍因素状况，划定了隰县农产品种植区域；建立了较为完善的、可操作性强的、科技含量高的隰县耕地地力评价体系，并充分应用 GIS、GPS 技术初步构筑了隰县耕地资源信息管理系统；提出了隰县耕地保护、地力培肥、耕地适宜种植、科学施肥及土壤退化修复办法等；形成了具有生产指导意义的多幅数字化成果图。收集资料之广泛、调查数据之系统、成果内容之全面是前所未有的。这些成果为全面提高农业工作的管理水平，实现耕地质量计算机动态监控管理，适时提供辖区内各个耕地基础管理单元土、水、肥、气、热状况及调节措施提供了基础数据平台和管理依据。同时，也为各级农业决策者制订农业发展规划、调整农业产业结构、加快绿色食品基地建设步伐、保证粮食生产安全、进行耕地资源合理改良利用、科学施肥以及退耕还林还草、节水农业、生态农业、农业现代化建设提供了最基础的第一手科学资料和最直接的科学依据。

为了将调查与评价成果尽快应用于农业生产，在全面总结隰县耕地地力评价成果的基础上，引用大量成果应用实例和第二次土壤普查、土地详查有关资料，编写了《隰县耕地地力评价与利用》一书。首次比较全面系统地阐述了隰县耕地资源类型、分布、地理与质量基础、利用状况、改善措施等，并将近年来农业推广工作中的大量成果资料录入其中，从而增加了该书的可读性和可操作性。

在本书编写的过程中，承蒙山西省土壤肥料工作站、山西农业大学资源环境学院、临汾市土壤肥料工作站、隰县农业委员会技术人员的热忱帮助和支持，特别是隰县农业委员会的工作人员在土样采集、农户调查、数据库建设等方面做了大量的工作。农业委员会主任韩贵生安排部署了本书的编写；本书由张婷主编，范敏正、张学良、杨秀梅、王根明、冯洁、王水莲参与编写工作；参与野外调查和数据处理的工作人员有岳双明、李向勇、王金平、陈素萍、范敏正、史亚伟、王根平、金成山、翟林福、韩林明、屈丰年、李利民、宋福平、韩俊明、负剑、张小龙、曹慧泽、常计英等；土样分析化验工作由隰县农业委员会和临汾市土壤肥料工作站联合完成；图形矢量化、土壤养分图、数据库和地力评价工作由山西农业大学资源环境学院和山西省土壤肥料工作站支持完成；野外调查、室内数据汇总、图文资料收集和文字编写工作由隰县农业委员会完成，在此一并致谢。

编　者

2013 年 10 月

目 录

序
前言

第一章 自然与农业生产概况

第一节 自然与农村经济概况

一、地理位置与行政区划

隰县始建于唐武德元年（618 年），至今已有 1 360 多年的历史，古称隰州。据县志载：因隰县城在山中，"环郡皆原"，"对原而言，故名曰隰"，其名取自"高原曰垣，下湿曰隰"之意。县城中心"鼓楼"及城西郊"小西天"，建筑宏伟精美，保存完好，为古今中外游人之乐地。

隰县地处吕梁山南麓，属晋西黄土高原残垣沟壑区，地理坐标为北纬 $36°27'\sim36°55'$，东经 $110°45'\sim111°16'$。北靠交口、石楼，南连蒲县、大宁，东邻汾西，西接永和，南北长约 55 千米，东西宽约 45 千米，总面积 1 413.1 千米^2（折合 211.96 万亩[①]）。隰县最高海拔为 2 007 米，最低海拔为 760 米，相对高差为 1 247 米。

隰县共辖 8 个乡（镇），97 个行政村，2011 年末农户数为 28 987 户，全县总人口 11.33 万人，其中农业人口 8.7 万人，占总人口的 76.8%。详细情况见表 1-1。

表 1-1 隰县行政区划与人口情况

乡（镇）	总人口（人）	农业人口（人）	行政村（个）	村民小组（个）	自然村（个）
龙泉镇	37 585	11 533	10	41	39
阳头升乡	23 206	10 919	14	35	24
午城镇		11 689	13	53	53
寨子乡		8 473	11	59	36
黄土镇	24 625	12 927	11	40	35
陡坡乡		5 038	6	26	24
下李乡	10 110	9 952	14	82	78
城南乡	17 810	16 459	18	73	62
总计	113 336	86 990	97	409	351

二、土地资源概况

据 2011 年统计资料显示，隰县国土总面积为 1 413.1 千米^2（折合 211.96 万亩），其中耕地为 30.9 万亩，占总土地面积的 14.7%；园地为 96 179.1 亩，占总土地面积的

[①] 亩为非法定计量单位，1 亩＝1/15 公顷。

4.5%；宜林地面积 868 034.6 亩，占总土地面积的 41%；宜牧面积 92 074.5 亩，占 4.3%；其他农用地 57 813.3 亩，占 2.7%；建设用地面积 42 874.5 亩，占 2%；未利用土地面积为 653 433.1 亩，占 30.8%。

隰县处于吕梁山大背斜轴部，境内垣面高阔残缺，沟壑纵横，梁峁交错，山麓连绵，植被稀疏，地势呈东北高，西南低，逐渐倾斜之势。由于喜马拉雅山运动促使地壳差异性上升和第三纪后期松散土状物质的沉积，使隰县形成了以剥蚀构造侵蚀和堆积为主的不同地质单元，具有黄土和折皱山地为主的地貌特征，其分区为：

1. 剥蚀构造山地地貌 包括东部的紫荆山、乌龙山、牛金山和东北部的云梦山，海拔在 1 400 米以上，主体主要由基岩组成，局部由黄土和红黄土覆盖。

2. 侵蚀黄土残垣丘陵地貌 此为隰县大部分地貌类型，垣面残缺，沟壑纵横，梁峁交错，其中以七大垣为主体垣面坦阔，为粮食生产基本农田。

3. 堆积川谷地貌 以东川河带和城川河带为主，为沟地、河漫地、河流阶地构成，是隰县粮食生产的重要基地（海拔为 800～1 000 米）。

隰县土壤共分褐土、棕壤和草甸土三大土类，6 个亚类，21 个土属，44 个土种；三大土类中以褐土为主，面积占全县土地面积的 99.2%。在各类土壤中，宜农土壤比重大，适种性广，有利于农、林、牧业全面发展。

三、自然气候与水文地质

(一) 气候

隰县属暖温带大陆性季风气候，气候多变，四季分明。冬季漫长，寒冷少雪，多风干燥；春季少雨多风，气温回升快，干旱严重；夏季短暂，温度高，雨量集中，形成雨热同步；秋季降温明显，昼夜温差大，晴朗凉爽，个别年份出现连阴雨天气。

1. 气温 年平均气温 8.8℃，1 月最冷，平均气温 −6.6℃，极端最低气温 −24℃（1958 年 1 月 16 日）；7 月最热，平均气温为 21.8℃，极端最高气温 36.1℃（1966 年 6 月 21 日）。平均日较差为 12.1℃。全县平均无霜期 150 天，秋霜在 10 月上旬出现，春霜在 4 月下旬结束。≥0℃积温为 3 606℃，≥10℃的积温为 2 914℃。

2. 地温 随着气温的变化，土壤温度也发生相应变化。20 厘米深年平均土温为 10.3℃，略高于气温；7 月最高为 23.1℃，1 月最低为 −3.7℃。通常 12 月开始封冻，3 月解冻，土壤冻结期长达 4 个多月，极端冻土深度为 103 厘米（1967 年）。

3. 日照 年平均日照时数 2 740.9 小时，年太阳辐射 574.01 千焦/厘米^2。

4. 降水量 年平均降水量为 570.9 毫米，四季分布不匀，形成一峰一谷。夏季平均为 303 毫米，占年降水量的 53%；秋季平均为 154 毫米，占 27%，夏秋两季降水占到全年降水量的 80%；降水一般集中在 6 月、7 月、8 月、9 月的 4 个月，占全年降水量的 72%。冬春两季降水稀少，土体干旱，冬季平均为 17 毫米，春季为 97 毫米。

5. 蒸发量 蒸发量大于降水量是隰县半干旱大陆性季风气候的显著特点。年平均蒸发量为 1 832.6 毫米，是年降水量的 3.2 倍。5 月、6 月蒸发量最大，为 290～300 毫米，1 月和 12 月最小，为 41 毫米左右。降水少、蒸发大，是造成该县十年九旱气候特点的重要原因。

(二) 成土母质

隰县成土母质主要有以下几种：

1. 残积—坡积物 主要是山地土壤的成土母质，近山顶部，多为残积物，土层浅薄，含有大量的大小不同碎屑，多为林地。岩石碎屑由水和重力搬运到山麓一带沉积，无层理，土质深厚，成为坡积物。

2. 黄土、红黄土、红土、黄土状母质 是第四纪晚期上更新统的沉积物。本县耕地主要为黄土母质、黄土状母质和红黄土母质 3 种。

（1）黄土母质：为马兰黄土，以风积为主，颜色灰黄，质地均一，无层理，不含沙砾，以粉沙为主，碳酸盐含量较高，垂直柱状结理发育。主要分布于该县丘陵区。

（2）红黄土母质：即老黄土，包括离石黄土和午城黄土，淡棕黄色，块状无层理，有大空隙，紧实致密，粉土质，但比较细腻，石灰结核多，钙积层较明显，有红色埋藏土层。

（3）黄土状母质：为次生黄土，系黄土经流水侵蚀搬运侵蚀而成，与黄土母质性质基本相同，只是质地较黏，通透性较差。主要分布于城川河、东川河二级阶地上。

（4）红土母质：系第三纪沉积物，土色暗红，质地黏重，无石灰反应，有黑色铁锰胶膜，显光泽，土壤结构呈棱块状，部分沟壑的下部有出露，分布极其零星。

3. 洪积—冲积物 是由河流冲积搬运在沿河两河形成的沉积物。由于河水的分选，造成不同质地的冲积层理，一般粗细相间，在水平方向上，越近河床越粗，在垂直剖面上沙黏交替。主要分布在河漫滩和一级阶地。

(三) 河流与地下水

隰县河流均属黄河水系。集水面积 13.05 千米^2，占全县总面积 0.9%，境内共有二级支流 3 条：城川河、东川河和刁家峪河。城川河古称蒲水、蒲川、隰州，后称昕水，境内长 70.5 千米，多年平均径流量 4 548 万米^3，枯水期清水流量 0.219 5 米^3/秒。含沙量高达 55 千克/米^3；东川河古称紫川，境内全长 60 千米，多年平均径流量 2 286 万米^3；刁家峪河全长 34.4 千米，多年平均径流量 543.5 万米^3；境内有常年清水流量小沟 119 条，总流量为 0.506 7 米^3/秒。

县境内水资源总量 6 700 万米^3，地下水资源总量为 3 620 万米^3，河川多年平均径流量 5 920 万米^3，占全临汾地区水资源总量的 3.6%；水资源模数 4.74 万米^3/（年·千米^2），低于全省及全市平均值，人均占有水资源量 687 米^3。

(四) 植被

1. 中山区植物群落 东部山地，海拔为 1 400 米以上，主要植被以针阔叶乔木为主，灌草次之。主要树种有油松、栎、山杨、白桦、椴；间生灌木主要有胡枝子、黄刺玫、连翘、丁香；草类有铁秆蒿、野艾、莎草、苔草等。

2. 低山区植被群落 在海拔为 1 100～1 400 米的低山丘陵区，以灌木为主，林草次之。除零星生长的山杨、柳树、杜梨等乔木外，灌木树种主要有山桃、酸枣、醋柳等；杂草有野艾、甘草、铁秆蒿、白茅草等。

3. 残垣丘陵区植物群落 海拔为 1 100 米以下的黄土残垣沟壑区，多为农田占用，适种作物较广，有玉米、麦子等。植被以草为主，灌木稀少。主要有酸枣、臭椿、文冠果和甘草、枸杞、茅草、青蒿、铁秆蒿等，多分布在坡凹、沟道、地边等处。

4. 川谷区植物群落 川谷区地势较为平坦，地下水位较高，土壤肥沃，为良好的耕作区，宜种多种作物。南部川地多为一年两作，种植密度较大。植被以草为主，着生在田间、地边、路旁、河畔，杂草有青蒿、苦菜、苍耳、狗尾草等。

四、农村经济概况

2011年，全县农村经济总收入为36 014.7万元，其中农业收入为16 855.7万元，占46.8%；林业收入为3 149万元，占8.7%；畜牧业收入为1 761万元，占4.9%；工业收入为4 539万元，占12.6%；建筑业收入为2 963万元，占8.2%；运输业收入为2 676万元，占7.4%；商饮业收入为2 758万元，占7.7%；服务业及其他收入为1 313万元，占3.6%。农民人均纯收入为2 874元。

改革开放以后，农村经济有了较快发展。农村经济总收入，1965年为410万元，1975年为672万元，10年间提高63.9%；1985年为2 901万元，是1975年的4.3倍；1995年为14 247万元，是1985年的4.9倍；2006年为26 914万元，是1995年的1.9倍。农民人均纯收入也有了较快的提高。1958年为30元，1965年为48元，1975年为51元，1980年为57元。1983年突破百元大关，达到173元；1992年达到605元；1995年达到924元；1998年达到1 525元；1996年突破千元大关，达到1 085元。

第二节 农业生产概况

一、农业发展历史

隰县农业历史悠久，虽称晋西首埠，但由于自然条件、区位制约，贫穷困扰隰县几千年。有谚曰："山乏五岳之灵，水无江汉之利"，"地下没挖的，地上没抓的"县民不得不在贫瘠的干垣旱川地扒食，过着鹑衣百结、食不果腹的苦难岁月。新中国成立以后，农业生产有了较快发展，特别是中共十一届三中全会以后，农业生产发展迅猛。随着农业机械化水平不断提高，农田水利设施的建设，农业新技术的推广应用，农业生产迈上了快车道。1949年全县粮食总产仅为8 585吨，油料产量为162吨，水果为84吨；1980年粮食总产达到22 440吨，是1949年的2.6倍；油料总产4 815吨，是1949年的29.7倍；水果总产1 452吨，是1949年的17.3倍。1995年粮食总产达51 162吨，是1980年的2.3倍；油料总产1 731吨，是1980年的0.4倍；水果总产3 359吨，是1980年的2.3倍。详见表1-2。

表1-2 隰县主要农作物总产量

年份	粮食总产（吨）	油料（吨）	水果（吨）	猪羊肉（吨）	农民人均纯收入（元）
1949	8 585	162	84	—	—
1960	10 174	150	705	—	35

（续）

年份	粮食总产（吨）	油料（吨）	水果（吨）	猪羊肉（吨）	农民人均纯收入（元）
1970	14 336	225	802	—	45
1980	22 440	4 815	1 452	—	57
1985	28 005	6 018	964	682	250
1990	54 826	4 435	3 359	1 092	502
1995	51 162	1 731	7 569	2 692	924
2000	36 807	4 387	14 096	3 750	1 555
2005	59 274	1 938	9 927	3 710	1996
2011	60 088	454	35 959	1 647	2 874

二、农业发展现状与问题

隰县光热资源丰富，园田化和梯田化水平较低，水资源较匮乏，是农业发展的主要制约因素。全县耕地面积 309 179.6 亩，水浇地面积仅仅只有 6 000 亩。

2011 年，全县农林牧副渔总产值为 40 454.2 万元，其中农业产值 26 886.4 万元，占 66.5%；林业产值 5 949.2 万元，占 14.7%；牧业产值 6 098.5 万元，占 15%；渔业产值 10.1 万元，占 0.1%；农林牧渔服务业 1 510 万元，占 3.7%。

隰县 2011 年粮食作物面积 31.4 万亩，油料作物 0.56 万亩，蔬菜面积 0.4 万亩，瓜果类 0.27 万亩，薯类 2.13 万亩，豆类 1.58 万亩，水果 11.36 万亩，烟叶 0.2 万亩，中药材 0.07 万亩。

2011 年年末，隰县大牲畜，牛 1 586 头、猪 12 958 头，羊 15 180 只，鸡 14.7 万只。

隰县农机化水平较高，地势平坦的地块田间作业基本全部实现机械，大大减轻劳动强度，提高了劳动效率。全县农机总动力为 91 831 千瓦。拖拉机 2 858 台，其中大中型 182 台，小型 2 676 台。农副产品加工机械 703 台；农用运输车 3 245 辆。全县机耕面积 17.6 万亩，机播面积 14.7 万亩，机收面积 1.45 万亩。农用化肥用量 20 368.7 吨，农膜用量 333.46 吨，农药用量 99.9 吨。

隰县蓄水工程形式共有涝池、旱井、塘坝、水库四种。涝池有 25 个，旱井有 3 300 眼，塘坝有 5 个。有 2 个小型水库，分别为石马沟水库（总库容达 100.6 万米^3）和下庄水库（总库容达 410 万米^3）。

从隰县农业生产看，一是粮田面积不断扩大；二是经济类作物面积波动大，呈减少趋势；三是蔬菜面积呈下降趋势。分析其原因，人工费普遍提升，种粮机械化程度高，用工少；而经济类作物、蔬菜市场价格波动大，用工多，种田不如打工，面积下降，同时，随着人工费的提升，种粮效益比较低。粮田面积虽然扩大，但管理粗放。

第三节　耕地利用与保养管理

一、主要耕作方式及影响

隰县的农田耕作方式基本上是一年一熟制或两年三熟制，局部地方可一年两熟。一年两作，前茬作物收获后，秸秆还田旋耕播种，旋耕深度一般为20～25厘米。好处：一是两茬秸秆还田，有效地提高了土壤有机质含量；二是全部机耕、机种，提高了劳动效率。缺点是：土地不能深耕，降低了活土层。一年一作是旱地小麦或玉米薯类。前茬作物收获后，在伏天或冬前进行深耕，以便接纳雨雪、晒垡。一般深度可达25厘米以上，以利于打破犁底层，加厚活土层，同时还利于翻压杂草。

二、耕地利用现状，生产管理及效益

隰县种植作物主要有玉米、谷子、高粱、薯类、豆类为主，兼种一些经济作物向日葵、蓖麻。耕作制度基本上是一年一熟制或两年三熟制，局部地方可一年两熟。灌溉水源有深井、水库；灌溉方式，河水大多采取大水漫灌，井水一般大多采用畦灌。一般年份，灌溉1～2水，平均费用60～80元／（亩·次）。生产管理上机械水平较高，但随着油价上涨，费用也在不断提高。一年一作亩投入100元左右，一年两作亩投入150元左右。

据2011年统计资料，全县总播种面积329 046亩。粮食作物播种面积314 038.5亩，占总播种面积的95.4％，粮食总产量60 087.9吨，按播种面积计算平均亩产191.3千克。在粮田播种面积中，玉米播种面积237 048亩，占粮食播种面积75.5％，总产量50 891.9吨；谷子、高粱、薯类、豆类等播种面积76 990.5亩，占粮食播种面积24.5％。经济作物花生、向日葵、蓖麻播种面积5 569.5亩，占总播种面积1.7％。其他作物播种面积9 438亩，占总播种面积2.9％。

效益分析：旱地玉米平均亩产500千克，每千克售价2元，亩产值1 000元，亩投入300元，亩收益700元。这里指的一般年份，如遇旱年，旱地小麦收入更低，甚至亏本。旱地玉米，如遇卡脖旱，颗粒无收。

三、施肥现状与耕地养分演变

隰县大田施肥情况是农家肥施用呈下降趋势。过去农村耕地、运输主要以畜力为主，农家肥主要是大牲畜粪便。1949年，全县仅有大牲畜5 582头，随着新中国成立后农业生产的恢复和发展，到1959年增加到8 687头。1990年最多发展到15 708头。随着农业机械化水平的提高，大牲畜又呈下降趋势，到2006年全县仅有大牲畜5 744头。猪和鸡的数量虽然大量增加，但粪便主要施入菜田、果园等效益较高的经济作物。目前大田土壤中有机质含量的增加主要依靠秸秆还田。化肥的使用量，从逐年增加到趋于合理。据统计资料，化肥施用量（折吨）1953年，全县仅为2吨，1957年为63吨，1973年为815吨，

1983 年 4 684 吨，1993 年为 11 907 吨，2003 年为 16 046 吨。

2011 年，隰县平衡施肥面积 20 万亩，微肥应用面积 5 万亩，秸秆还田面积 15 余万亩，化肥施用量（实物量）为 20 368.7 吨，其中氮肥 9 294.5 吨，磷肥 7 143 吨，钾肥 359.2 吨，复合肥为 3 572 吨。2011 年隰县施肥情况见表 1-3。

表 1-3　2011 年隰县施肥情况表

乡（镇）	农用化肥（实物量千克）				
	合　计	复合肥	氮　肥	磷　肥	钾　肥
龙泉镇	2 290 000	700 000	740 000	740 000	110 000
午城镇	902 000	830 000	52 000	20 000	0
黄土镇	6 358 000	920 000	3 245 000	2 134 000	59 000
阳头升乡	3 305 000	241 000	1 736 000	1 322 000	6 000
寨子乡	1 758 000	180 000	840 000	660 000	78 000
陡坡乡	2 552 700	27 000	1 349 500	1 145 000	31 200
下李乡	1 512 000	340 000	600 000	500 000	7 2000
城南乡	1 691 000	334 000	732 000	622 000	3 000
全县	20 368 700	3 572 000	9 294 500	7 143 000	359 200

随着农业生产的发展，秸秆还田、平衡施肥技术的推广，2009 年全县耕地耕层土壤养分测定结果比 1984 年第二次全国土壤普查，普遍提高。1984 年土壤有机质 8.9 克/千克，全氮 0.56 克/千克，有效磷 6.51 毫克/千克，速效钾 104 毫克/千克。2009 年土壤有机质 12.5 克/千克，土壤有机质增加了 3.6 克/千克；全氮 1.21 克/千克，全氮增加了 0.65 克/千克；有效磷 10.14 毫克/千克，有效磷增加了 3.63 毫克/千克；速效钾 158.96 毫克/千克，速效钾增加了 54.96 毫克/千克。随着测土配方施肥技术的全面的推广应用，土壤肥力更会不断提高。

四、耕地利用与保养管理简要回顾

1985—1995 年，根据全国第二次土壤普查结果，隰县划分了土壤利用改良区，根据不同土壤类型、不同土壤肥力和不同生产水平，提出了合理利用培肥措施，达到了培肥土壤目的。

1995—2009 年，随着农业产业结构调整步伐加快，实施沃土计划，推广平衡施肥，玉米秸秆直接还田，特别是 2009 年，测土配方施肥项目的实施，使全县施肥更合理，加上退耕还林等生态措施的实施，农业大环境得到了有效改变。近年来，随着科学发展观的贯彻落实，环境保护力度不断加大，农田环境日益好转。同时政府加大对农业投入。通过一系列有效措施，全县耕地生产正逐步向优质、高产、高效、安全迈进。

第二章 耕地地力调查与质量评价的内容和方法

根据《全国耕地地力调查与质量评价技术规程》和《全国测土配方施肥技术规范》（以下简称《规程》和《规范》）的要求，通过肥料效应田间试验、样品采集与制备、田间基本情况调查、土壤与植株测试、肥料配方设计、配方肥料合理使用、效果反馈与评价、数据汇总、报告撰写等内容、方法与操作规程和耕地地力评价方法的工作过程，进行耕地地力调查和质量评价。这次调查和评价是基于4个方面进行的：一是通过耕地地力调查与评价，合理调整农业结构、满足市场对农产品多样化、优质化的要求以及经济发展的需要；二是全面了解耕地质量现状，为无公害农产品、绿色食品、有机食品生产提供科学依据，为人民提供健康安全食品；三是针对耕地土壤的障碍因子，提出中低产田改造、防止土壤退化及修复已污染土壤的意见和措施，提高耕地综合生产能力；四是通过调查，建立全县耕地资源信息管理系统和测土配方施肥专家咨询系统，对耕地质量和测土配方施肥实行计算机网络管理，形成较为完善的测土配方施肥数据库，为农业增产、农业增效、农民增收提供科学决策依据，保证农业可持续发展。

第一节 工作准备

一、组织准备

由山西省农业厅牵头成立测土配方施肥和耕地地力调查领导小组、专家组、技术指导组；隰县成立相应的领导组、办公室、野外调查队和室内资料数据汇总组。

二、物质准备

根据《规程》和《规范》要求，进行了充分物质准备，先后配备了GPS定位仪、不锈钢土钻、计算机、钢卷尺、100厘米³环刀、土袋、可封口塑料袋、水样瓶、水样固定剂、化验药品、化验室仪器以及调查表格等。并在原来土壤化验室基础上，进行必要补充和维修，为全面调查和室内化验分析做好了充分物质准备。

三、技术准备

领导组聘请农业系统有关专家及第二次土壤普查有关人员，组成技术指导组，根据《规程》和《山西省耕地地力调查与质量评价实施方案》及《规范》，制定了《隰县测土配方施肥技术规范及耕地地力调查与质量评价技术规程》，并编写了技术培训教材。在采样调查前对采样调查人员进行认真、系统的技术培训。

四、资料准备

按照《规程》和《规范》要求，收集了隰县行政规划图、地形图、第二次土壤普查成果图、基本农田保护区划图、土地利用现状图、农田水利分区图等图件。收集了第二次土壤普查成果资料，基本农田保护区地块基本情况、基本农田保护区划统计资料，大气和水质量污染分布及排污资料，果树、蔬菜、棉花面积、品种、产量及污染等有关资料，农田水利灌溉区域、面积及地块灌溉保证率，退耕还林规划，肥料、农药使用品种及数量、肥力动态监测等资料。

第二节　室内预研究

一、确定采样点位

（一）布点与采样原则

为了使土壤调查所获取的信息具有一定的典型性和代表性，提高工作效率，节省人力和资金。采样点参考县级土壤图，做好采样规划设计，确定采样点位。实际采样时严禁随意变更采样点，若有变更须注明理由。在布点和采样时主要遵循了以下原则：一是布点具有广泛的代表性，同时兼顾均匀性。根据土壤类型、土地利用等因素，将采样区域划分为若干个采样单元，每个采样单元的土壤性状要尽可能均匀一致；二是耕地地力调查与污染调查（面源污染与点源污染）相结合，适当加大污染源点位密度；三是尽可能在全国第二次土壤普查时的剖面或农化样取样点上布点；四是采集的样品具有典型性，能代表其对应的评价单元最明显、最稳定、最典型的特征，尽量避免各种非调查因素的影响；五是所调查农户随机抽取，按照事先所确定采样地点寻找符合基本采样条件的农户进行，采样在符合要求的同一农户的同一地块内进行。

（二）布点方法

1. 大田土样布点方法　按照全国《规程》和《规范》，结合隰县实际，将大田样点密度定为平原区、丘陵区平均每200亩一个点位，实际布设大田样点3 600个。一是依据山西省第二次土壤普查土种归属表，把那些图斑面积过小的土种，适当合并至母质类型相同、质地相近、土体构型相似的土种，修改编绘出新的土种图；二是将归并后的土种图与基本农田保护区划图和土地利用现状图叠加，形成评价单元；三是根据评价单元的个数及相应面积，在样点总数的控制范围内，初步确定不同评价单元的采样点数；四是在评价单元中，根据图斑大小、种植制度、作物种类、产量水平等因素的不同，确定布点数量和点位，并在图上予以标注。点位尽可能选在第二次土壤普查时的典型剖面取样点或农化样品取样点上；五是不同评价单元的取样数量和点位确定后，按照土种、作物品种、产量水平等因素，分别统计其相应的取样数量。当某一因素点位数过少或过多时，再根据实际情况进行适当调整。

2. 耕地质量调查土样布点方法 面源耕地土壤环境质量调查土样，按每个代表面积100 亩布点；在疑似污染区，标点密度适当加大，按 0.5 万～1 万亩取 1 个样；如污染、灌溉区，城市垃圾或工业废渣集中排放区，农药、化肥、农用塑料大量施用的农田为调查重点。根据调查了解的实际情况，确定点位位置，根据污染类型及面积，确立布点方法。此次调查，共布设面源质量调查土样 53 个。

3. 果园样布点方法 按照《山西省果园土壤养分调查技术规程》要求，结合隰县实际情况，在样点总数的控制范围内根据土壤类型、母质类型、地形部位、果树品种、树龄等因素确定相应的取样数量，每 100 亩布设一个采样点，共布设果园土壤样点 50 个。同时采集当地主导果品样品进行果品质量分析。

二、确定采样方法

（一）大田土样采集方法

1. 采样时间 在大田作物收获前进行。按叠加图上确定的调查点位去野外采集样品。通过向农民实地了解当地的农业生产情况，确定最具代表性的同一农户的同一块田采样，田块面积均在 1 亩以上，并用 GPS 定位仪确定地理坐标和海拔高程，记录经纬度，精确到 0.1″。依此准确方位修正点位图上的点位位置。

2. 调查、取样 向已确定采样田块的户主，按农户地块调查表格的内容逐项进行调查并认真填写。调查严格遵循实事求是的原则，对那些说不清楚的农户，通过访问地力水平相当、位置基本一致的其他农户或对实物进行核对推算。采样主要采用"S"法，均匀随机采取 15～20 个采样点，充分混合后，四分法留取 1 千克组成一个土壤样品，并装入已准备好的土袋中。

3. 采样工具 主要采用不锈钢土钻，采样过程中努力保持土钻垂直，样点密度均匀，基本符合厚薄、宽窄、数量的均匀特征。

4. 采样深度 为 0～20 厘米耕作层土样。

5. 采样记录 填写两张标签，土袋内外各具，注明采样编号、采样地点、采样人、采样日期等。采样同时，填写大田采样点基本情况调查表和大田采样点农户调查表。

（二）耕地质量调查土样采集方法

根据污染类型及面积大小，确定采样点布设方法。污水灌溉农田采用对角线布点法；固体废物污染农田或污染源附近农田采用棋盘或同心圆布点法；面积较小、地形平坦区域采用梅花布点法；面积较大、地势较复杂区域采用"S"布点法。每个样品一般由 20～25 个采样点组成，面积大的适当增加采样点。采样深度一般为 0～20 厘米。采样同时，对采样地环境情况进行调查。

（三）果园土样采集方法

根据点位图所在位置到所在的村庄向农民实地了解当地果园品种、树龄等情况，确定具有代表性的同一农户的同一果园地进行采样。果园在果品采摘后的第一次施肥前采集。用 GPS 定位仪定位，依此修正图位上的点位位置。采样深为 0～40 厘米。采样同时，做好采样点调查记录。

三、确定调查内容

根据《规范》要求，按照"测土配方施肥采样地块基本情况调查表"认真填写。这次调查的范围是基本农田保护区耕地和园地，包括蔬菜、果园和其他经济作物田。调查内容主要有4个方面：一是与耕地地力评价相关的耕地自然环境条件，农田基础设施建设水平和土壤理化性状，耕地土壤障碍因素和土壤退化原因等；二是与农产品品质相关的耕地土壤环境状况，如土壤的富营养化、养分不平衡与缺乏微量元素和土壤污染等；三是与农业结构调整密切相关的耕地土壤适宜性问题等；四是农户生产管理情况调查。

以上资料的获得，一是利用第二次土壤普查和土地利用详查等现有资料，通过收集整理而来；二是采用以点带面的调查方法，经过实地调查访问农户获得的；三是对所采集样品进行相关分析化验后取得；四是将所有有限的资料、农户生产管理情况调查资料、分析数据录入到计算机中，并经过矢量化处理形成数字化图件、插值，使每个地块均具有各种资料信息，来获取相关资料信息。这些资料和信息，对分析耕地地力评价与耕地质量评价结果及影响因素具有重要意义。如通过分析农户投入和生产管理对耕地地力土壤环境的影响，分析农民现阶段投入成本与耕地质量直接的关系，有利于提高成果的现实性，引起各级领导的关注。通过对每个地块资源的充实完善，可以从微观角度，对土、肥、气、热、水资源运行情况有更周密的了解，提出管理措施和对策，指导农民进行资源合理利用和分配。通过对全部信息资料的了解和掌握，可以宏观调控资源配置，合理调整农业产业结构，科学指导农业生产。

四、确定分析项目和方法

根据《规程》及《山西省耕地地力调查及质量评价实施方案》和《规范》规定，土壤质量调查样品检测项目为：pH、有机质、全氮、碱解氮、全磷、有效磷、全钾、速效钾、缓效钾、有效硫、阳离子交换量、有效铜、有效锌、有效铁、有效锰、水溶性硼16个项目，其分析方法均按全国统一规定的测定方法进行。

五、确定技术路线

隰县耕地地力调查与质量评价所采用的技术路线见图2-1。

1. 确定评价单元 利用基本农田保护区区划图、土壤图和土地利用现状图叠加的图斑为基本评价单元。相似相近的评价单元至少采集一个土壤样品进行分析，在评价单元图上连接评价单元属性数据库，用计算机绘制各评价因子图。

2. 确定评价因子 根据全国、省级耕地地力评价指标体系并通过农科教专家论证来选择隰县县域耕地地力评价因子。

3. 确定评价因子权重 用模糊数学德尔菲法和层次分析法将评价因子标准数据化，

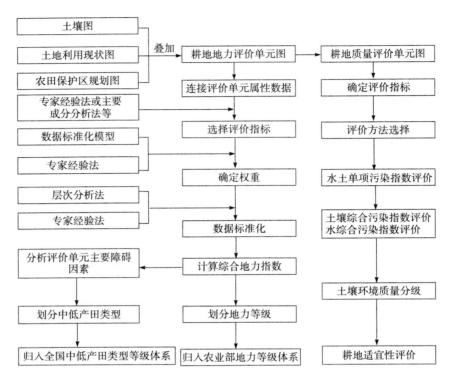

图 2-1　隰县耕地地力调查与质量评价技术路线流程图

并计算出每一评价因子的权重。

4. 数据标准化　选用隶属函数法和专家经验法等数据标准化方法，对评价指标进行数据标准化处理，对定性指标要进行数值化描述。

5. 综合地力指数计算　用各因子的地力指数累加得到每个评价单元的综合地力指数。

6. 划分地力等级　根据综合地力指数分布的累积频率曲线法或等距法，确定分级方案，并划分地力等级。

7. 归入全国耕地地力等级体系　依据《全国耕地类型区、耕地地力等级划分》（NY/T 309—1996），归纳整理各级耕地地力要素主要指标，结合专家经验，将各级耕地地力归入全国耕地地力等级体系。

8. 划分中低产田类型　依据《全国中低产田类型划分与改良技术规范》（NY/T 310—1996），分析评价单元耕地土壤主要障碍因素，划分并确定中低产田类型。

9. 耕地质量评价　用综合污染指数法评价耕地土壤环境质量。

第三节　野外调查及质量控制

一、调查方法

野外调查的重点是对取样点的立地条件、土壤属性、农田基础设施条件、农户栽培管理成本、收益及污染等情况全面了解、掌握。

1. 室内确定采样位置　技术指导组根据要求，在 1∶10 000 评价单元图上确定各类型采样点的采样位置，并在图上标注。

2. 培训野外调查人员　抽调技术素质高、责任心强的农业技术人员，尽可能抽调第二次土壤普查人员，经过为期 3 天的专业培训和野外实习，组成 4 支野外调查队，共 20 余人参加野外调查。

3. 根据《规程》和《规范》的要求，严格取样　各野外调查支队根据图标位置，在了解农户农业生产情况基础上，确定具有代表性田块和农户，用 GPS 定位仪进行定位，依据田块准确方位修正点位图上的点位位置。

4. 按照《规程》、省级实施方案要求规定和《规范》规定，填写调查表格，并将采集的样品统一编号，带回室内化验。

二、调查内容

（一）基本情况调查项目

1. 采样地点和地块　地址名称采用民政部门认可的正式名称。地块采用当地的通俗名称。

2. 经纬度及海拔高度　由 GPS 定位仪进行测定。

3. 地形地貌　以形态特征划分为五大地貌类型，即山地、丘陵、平原、高原及盆地。

4. 地形部位　指中小地貌单元。主要包括河漫滩、一级阶地、二级阶地、高阶地、坡地、梁地、垣地、峁地、山地、沟谷、洪积扇（上、中、下）、倾斜平原、河槽地、冲积平原。

5. 坡度　一般分为＜2.0°、2.1°～5.0°、5.1°～8.0°、8.1°～15.0°、15.1°～25.0°、≥25.0°。

6. 侵蚀情况　按侵蚀种类和侵蚀程度记载，根据土壤侵蚀类型可划分为水蚀、风蚀、重力侵蚀、冻融侵蚀、混合侵蚀等，侵蚀程度通常分为无明显、轻度、中度、强度、极强度 6 级。

7. 潜水深度　指地下水深度，分为深位（3～5 米）、中位（2～3 米）、浅位（≤2 米）。

8. 家庭人口及耕地面积　指每个农户实有的人口数量和种植耕地面积（亩）。

（二）土壤性状调查项目

1. 土壤名称　统一按第二次土壤普查时的连续命名法填写，详细到土种。

2. 土壤质地　国际制；全部样品均需采用手摸测定；质地分为：沙土、沙壤、壤土、黏壤、黏土 5 级。室内选取 10％的样品采用比重计法（粒度分布仪法）测定。

3. 质地构型　指不同土层之间质地构造变化情况。一般可分为通体壤、通体黏、通体沙、黏夹沙、底沙、壤夹黏、多砾、少砾、夹砾、底砾、少姜、多姜等。

4. 耕层厚度　用铁锹垂直铲下去，用钢卷尺按实际进行测量确定。

5. 障碍层次及深度　主要指沙土、黏土、砾石、料姜等所发生的层位、层次及深度。

6. 盐碱情况　按盐碱类型划分为苏打盐化、硫酸盐盐化、氯化物盐化、混合盐化等。

按盐化程度分为重度、中度、轻度等，碱化也分为轻度、中度、重度等。

7. 土壤母质 按成因类型分为保德红土、残积物、河流冲积物、洪积物、黄土状冲积物、离石黄土、马兰黄土等类型。

（三）农田设施调查项目

1. 地面平整度 按大范围地形坡度分为平整（＜2°）、基本平整（2°～5°）、不平整（＞5°）。

2. 梯田化水平 分为地面平坦、园田化水平高，地面基本平坦、园田化水平较高，高水平梯田，缓坡梯田，新修梯田，坡耕地6种类型。

3. 田间输水方式 管道、防渗渠道、土渠等。

4. 灌溉方式 分为漫灌、畦灌、沟灌、滴灌、喷灌、管灌等。

5. 灌溉保证率 分为充分满足、基本满足、一般满足、无灌溉条件4种情况或按灌溉保证率（％）计。

6. 排涝能力 分为强、中、弱三级。

（四）生产性能与管理情况调查项目

1. 种植（轮作）制度 分为一年一熟、一年两熟、两年三熟等。

2. 作物（蔬菜）种类与产量 指调查地块上年度主要种植作物及其平均产量。

3. 耕翻方式及深度 指翻耕、旋耕、耙地、耱地、中耕等。

4. 秸秆还田情况 分翻压还田、覆盖还田等。

5. 设施类型棚龄或种菜年限 分为薄膜覆盖、塑料拱棚、温室等，棚龄以正式投入算起。

6. 上年度灌溉情况 包括灌溉方式、灌溉次数、年灌水量、水源类型、灌溉费用等。

7. 年度施肥情况 包括有机肥、氮肥、磷肥、钾肥、复合（混）肥、微肥、叶面肥、微生物肥及其他肥料施用情况，有机肥要注明类型，化肥指纯养分。

8. 上年度生产成本 包括化肥、有机肥、农药、农膜、种子（种苗）、机械人工及其他。

9. 上年度农药使用情况 农药作用次数、品种、数量。

10. 产品销售及收入情况。

11. 作物品种及种子来源。

12. 蔬菜效益 指当年纯收益。

三、采样数量

在隰县30.9万亩耕地上，共采集大田土壤样品3 600个，其中用于耕地地力评价的3 598个。

四、采样控制

野外调查采样是此次调查评价的关键。既要考虑采样的代表性、均匀性，也要考虑采样的典型性。根据隰县的区划划分特征，不同作物类型、不同地力水平的农田严格按照

《规程》和《规范》要求均匀布点，并按图标布点实地核查后进行定点采样。

第四节　样品分析及质量控制

一、分析项目及方法

（1）pH：土液比 1：2.5，电位法测定。

（2）有机质：采用油浴加热重铬酸钾氧化容量法测定。

（3）全磷：采用氢氧化钠熔融——钼锑抗比色法测定。

（4）有效磷：采用碳酸氢钠或氟化铵—盐酸浸提——钼锑抗比色法测定。

（5）全钾：采用氢氧化钠熔融——火焰光度计或原子吸收分光光度计法测定。

（6）速效钾：采用乙酸铵浸提——火焰光度计或原子吸收分光光度计法测定。

（7）全氮：采用凯氏蒸馏法测定。

（8）碱解氮：采用碱解扩散法测定。

（9）缓效钾：采用硝酸提取——火焰光度法测定。

（10）有效铜、锌、铁、锰：采用 DTPA 提取——原子吸收光谱法测定。

（11）水溶性硼：采用沸水浸提——甲亚胺—H 比色法或姜黄素比色法测定。

（12）有效硫：采用磷酸盐—乙酸或氯化钙浸提——硫酸钡比浊法测定。

（13）阳离子交换量：EDTA—乙酸铵盐交换法采用法测定。

二、分析测试质量控制

分析测试质量主要包括野外调查取样后样品风干、处理与实验室分析化验质量，其质量的控制是调查评价的关键。

（一）样品风干及处理

常规样品如大田样品、果园土壤样品，及时放置在干燥、通风、卫生、无污染的室内风干，风干后送化验室处理。

将风干后的样品平铺在制样板上，用木棍或塑料棍碾压，并将植物残体、石块等侵入体和新生体剔除干净。细小已断的植物须根，可采用静电吸附的方法清除。压碎的土样用 2 毫米孔径筛过筛，未通过的土粒重新碾压，直至全部样品通过 2 毫米孔径筛为止。通过 2 毫米孔径筛的土样可供 pH、盐分、交换性能及有效养分等项目的测定。

将通过 2 毫米孔径筛的土样用四分法取出一部分继续碾磨，使之全部通过 0.25 毫米孔径筛，供有机质、全氮、碳酸钙等项目的测定。

用于微量元素分析的土样，其处理方法同一般化学分析样品。但在采样、风干、研磨、过筛、运输、贮存等诸环节都要特别注意，不要接触容易造成样品污染的铁、铜等金属器具。采样、制样推荐使用不锈钢、木、竹或塑料工具，过筛使用尼龙网筛等。通过 2 毫米孔径尼龙筛的样品可用于测定土壤有效态微量元素。

将风干土样反复碾碎，用 2 毫米孔径筛过筛。留在筛上的碎石称量后保存，同时将过筛的土壤称重，计算石砾质量百分数。将通过 2 毫米孔径筛的土样混匀后盛于广口瓶内，用于颗粒分析及其他物理性质测定。若风干土样中有铁锰结核、石灰结核、铁子或半风化体，不能用木棍碾碎，应首先将其细心拣出称量保存，然后再进行碾碎。

（二）实验室质量控制

1. 在测试前采取的主要措施

（1）按《规程》要求制订了周密的采样方案，尽量减少采样误差（把采样作为分析检验的一部分）。

（2）正式开始分析前，对检验人员进行了为期 2 周的培训。对监测项目、监测方法、操作要点、注意事项一一进行培训，并进行了质量考核，为检验人员掌握了解项目分析技术、提高业务水平、减少误差等奠定了基础。

（3）收样登记制度：制定了收样登记制度，将收样时间、制样时间、处理方法与时间、分析时间一一登记，并在收样时确定样品统一编码、野外编码及标签等，从而确保了样品的真实性和整个过程的完整性。

（4）测试方法确认（尤其是同一项目有几种检测方法时）：根据实验室现有条件、要求规定及分析人员掌握情况等确立最终采取的分析方法。

（5）测试环境确认：为减少系统误差，对实验室温湿度、试剂、用水、器皿等一一检验，保证其符合测试条件。对有些相互干扰的项目分开实验室进行分析。

（6）检测用仪器设备及时进行计量检定，定期进行运行状况检查。

2. 在检测中采取的主要措施

（1）仪器使用实行登记制度，并及时对仪器设备进行检查维修和调整。

（2）严格执行项目分析标准或规程，确保测试结果准确性。

（3）坚持平行试验、必要的重显性试验，控制精密度，减少随机误差。

每个项目开始分析时每批样品均须做 100% 平行样品，结果稳定后，平行次数减少 50%，最少保证做 10%～15% 平行样品。每个化验人员都自行编入明码样做平行测定，质控员还编入 10% 密码样进行质量控制。

平行双样测定结果的误差在允许的范围之内为合格；平行双样测定全部不合格者，该批样品须重新测定；平行双样测定合格率 < 95% 时，除对不合格的重新测定外，再增加 10%～20% 的平行测定率，直到总合格率达 95%。

（4）坚持带质控样进行测定：分析中，每批次带标准样品 10%～20%，以测定的精密度合格的前提下，标准样测定值在标准保证值（95% 的置信水平）范围的为合格，否则本批结果无效，进行重新分析测定。

（5）注重空白试验：全程空白值是指用某一方法测定某物质时，除样品中不含该物质外，整个分析过程中引起的信号值或相应浓度值。它包含了试剂、蒸馏水中杂质带来的干扰，从待测试样的测定值中扣除，可消除上述因素带来的系统误差。如果空白值过高，则要找出原因，采取其他措施（如提纯试剂、更新试剂、更换容器等）加以消除。保证每批次样品做 2 个以上空白样，并在整个项目开始前按要求做全程序空白测定，每次做 2 个平行空白样，连测 5 天共得 10 个测定结果，计算批内标

准偏差 S_{wb}：

$$S_{wb} = \left[\sum (X_i - X_{\text{平}})^2 / m(n-1) \right]^{1/2}$$

式中：n——每天测定平均样个数；

　　　　m——测定天数。

（6）做好校准曲线：比色分析中标准系列保证设置 6 个以上浓度点。根据浓度和吸光值按一元线性回归方程计算其相关系数，

$$Y = a + bX$$

式中：Y——吸光度；

　　　　X——待测液浓度；

　　　　a——截距；

　　　　b——斜率。

要求标准曲线相关系数 r≥0.999。

校准曲线控制：①每批样品皆需做校准曲线；②标准曲线力求 r≥0.999，且有良好重现性；③大批量分析时每测 10～20 个样品要用一标准液校验，检查仪器状况；④待测液浓度超标时不能任意外推。

（7）用标准物质校核实验室的标准滴定溶液：标准物质的作用是校准。对测量过程中使用的基准纯、优级纯的试剂进行校验。校准合格才准用，确保量值准确。

（8）详细、如实记录测试过程，使检测条件可再现、检测数据可追溯。对测量过程中出现的异常情况也及时记录，及时查找原因。

（9）认真填写测试原始记录，测试记录做到：如实、准确、完整、清晰。记录的填写、更改均制定了相应制度和程序。当测试由一人读数一人记录时，记录人员复读多次所记的数字，减少误差发生。

3. 检测后主要采取的技术措施

（1）加强原始记录校核、审核，实行"三审三校"制度，对发现的问题及时研究、解决，或召开质量分析会，达成共识。

（2）运用质量控制图预防质量事故发生：对运用均值—极差控制图的判断，参照《质量专业理论与实名》中的判断准则。对控制样品进行多次重复测定，由所得结果计算出控制样的平均值 X 及标准差 S（或极差 R），就可绘制均值—标准差控制图（或均值—极差控制图），纵坐标为测定值，横坐标为获得数据的顺序。将均值 X 作成与横坐标平行的中心级 CL，$X \pm 3S$ 为上下警戒限 UCL 及 LCL，$X \pm 2S$ 为上下警戒限 UWL 及 LWL；在进行试样列行分析时，每批带入控制样，根据差异判异准则进行判断。如果在控制限之外，该批结果为全部错误结果，则必须查出原因，采取措施，加以消除；除"回控"后再重复测定，并控制不再出现，如果控制样的结果落在控制限和警戒限之间，说明精密度已不理想，应引起注意。

（3）控制检出限：检出限是指对某一特定的分析方法在给定的置信水平内，可以从样品中检测的待测物质的最小浓度或最小量。根据空白测定的批内标准偏差（S_{wb}）按下列公式计算检出限（95%的置信水平）。

①若试样一次测定值与零浓度试样一次测定值有显著性差异时，检出限（L）按下列

公式计算：

$$L = 2 \times 2^{1/2} t_f S_{wb}$$

式中：L——方法检出限；

t_f——显著水平为 0.05（单侧）、自由度为 f 的 t 值；

S_{wb}——批内空白值标准偏差；

f——批内自由度，$f = m(n-1)$；

m——重复测定次数；

n——平行测定次数。

②原子吸收分析方法中检出限计算：$L = 3 S_{wb}$。

③分光光度法以扣除空白值后的吸光值为 0.010 相对应的浓度值为检出限。

（4）及时对异常情况处理

①异常值的取舍：对检测数据中的异常值，按 GB 4883 标准规定采用 Grubbs 法或 Dixon 法加以判断处理。

②因外界干扰（如停电、停水），检测人员应终止检测，待排除干扰后重新检测，并记录干扰情况。当仪器出现故障时，故障排除后校准合格的，方可重新检测。

（5）使用计算机采集、处理、运算、记录、报告、存储检测数据时，应制定相应的控制程序。

（6）检验报告的编制、审核、签发：检验报告是实验工作的最终结果，是试验室的产品。因此，对检验报告质量要高度重视。检验报告应做到完整、准确、清晰、结论正确。必须坚持三级审核制度，明确制表、审核、签发的职责。

4. 技术交流 在分析过程中，发现问题及时交流，改进方法，不断提高技术水平。

5. 数据录入 分析数据按规程和方案要求审核后编码整理，和采样点一一对照，确认无误后进行录入。采取双人录入相互对照的方法，保证录入的正确率。

第五节 评价依据、方法及评价标准体系的建立

一、评价原则依据

耕地地力评价

经专家评议，隰县确定了三大因素 9 个因子为耕地地力评价指标。

1. 立地条件 指耕地土壤的自然环境条件，它包含与耕地与质量直接相关的地貌类型及地形部位、成土母质、地面坡度等。本次评价选用了地形部位、成土母质和地面坡度 3 个因子：

（1）地貌类型及其特征描述：隰县主要地形地貌有河川、台垣、丘陵和山地 4 种，本次评价中涉及的地形部位包括沟谷、梁、峁、坡、沟谷地，河流一级、二级阶地，黄土垣、梁、山地、丘陵（中、下）部缓坡地段（地面有一定坡度），中低山顶部 6 种。

（2）成土母质及其主要分布：在隰县耕地上分布的母质类型有洪积物、石灰性土质洪积物、黄土母质及沙质黄土母质 4 种。

（3）地面坡度：地面坡度反映水土流失程度，直接影响耕地地力，隰县将地面坡度小于 25°的耕地依坡度大小分成 6 级（＜2.0°、2.1°～5.0°、5.1°～8.0°、8.1°～15.0°、15.1°～25.0°、≥25.0°）进入地力评价系统。

2. 土壤属性

（1）土体构型：指土壤剖面中不同土层间质地构造变化情况，直接反映土壤发育及障碍层次，影响根系发育、水肥保持及有效供给，包括有效土层厚度、耕作层厚度、质地构型 3 个因素。本次评价选用了耕层厚度 1 项因子：

耕层厚度：按其厚度（厘米）深浅从高到低依次分为 6 级（＞30 厘米、26～30 厘米、21～25 厘米、16～20 厘米、11～15 厘米、≤10 厘米）进入地力评价系统。

（2）耕层土壤理化性状：分为较稳定的理化性状（容重、质地、有机质、盐渍化程度、pH）和易变化的化学性状（有效磷、速效钾）两大部分。本次评价选用了耕层质地、有机质、有效磷和速效钾 4 个因子：

①耕层质地：影响水肥保持及耕作性能。按卡庆斯基制的六级划分体系来描述，分别为沙土、沙壤、轻壤、中壤、重壤、黏土。

②有机质：土壤肥力的重要指标，直接影响耕地地力水平。按其含量（克/千克）从高到低依次分为 6 级（＞25.00 克/千克、20.01～25.00 克/千克、15.01～20.00 克/千克、10.01～15.00 克/千克、5.01～10.00 克/千克、≤5.00 克/千克）进入地力评价系统。

③有效磷：按其含量（毫克/千克）从高到低依次分为 6 级（＞25.00 毫克/千克、20.1～25.00 毫克/千克、15.1～20.00 毫克/千克、10.1～15.00 毫克/千克、5.1～10.00 毫克/千克、≤5.00 毫克/千克）进入地力评价系统。

④速效钾：按其含量（毫克/千克）从高到低依次分为 6 级（＞200 毫克/千克、151～200毫克/千克、101～150 毫克/千克、81～100 毫克/千克、51～80 毫克/千克、≤50 毫克/千克）进入地力评价系统。

3. 农田基础设施条件 本次评价选用了园田化水平 1 项因子：

园田化水平：按园田化类型及其熟化程度分为地面平坦、园田化水平高，地面基本平坦、园田化水平较高，高水平梯田，熟化程度 5 年以上的缓坡梯田，新修梯田及坡耕地 6 种类型。

二、评价方法及流程

耕地地力评价

1. 技术方法

（1）文字评述法：对一些概念性的评价因子（如地形部位、土壤母质、质地构型、质地、园田化水平、盐渍化程度等）进行定性描述。

（2）专家经验法（德尔菲法）：在全省农科教系统邀请土肥界具有一定学术水平和农业生产实践经验的 34 名专家，参与评价因素的筛选和隶属度确定（包括概念型和数值型评价因子的评分），见表 2-1。

表 2 - 1　隰县耕地地力评价因素及评分表

因　子	平均值	众数值	建议值
地形部位（A_1）	1.8	1（23）	1
成土母质（A_2）	3.9	3（9）5（12）	5
地面坡度（A_3）	3.1	3（14）5（7）	3
耕层厚度（A_4）	2.7	3（17）1（10）	3
耕层质地（A_5）	2.9	1（13）5（11）	1
有机质（A_6）	2.7	1（14）3（11）	3
有效磷（A_7）	1.0	1（31）	1
速效钾（A_8）	2.7	3（16）1（10）	3
园田化水平（A_9）	4.5	5（15）7（7）	5

（3）模糊综合评判法：应用这种数理统计的方法对数值型评价因子（如地面坡度、有效土层厚度、耕层厚度、土壤容重、有机质、有效磷、速效钾、酸碱度、灌溉保证率等）进行定量描述，即利用专家给出的评分（隶属度）建立某一评价因子的隶属函数，见表2-2。

表 2 - 2　隰县耕地地力评价数字型因子分级及其隶属度

评价因子	量纲	1 级	2 级	3 级	4 级	5 级	6 级
		量值	量值	量值	量值	量值	量值
地面坡度	°	＜2.00	2.00～5.00	5.10～8.00	8.10～15.00	15.10～25.00	≥25.00
耕层厚度	厘米	＞30.00	26.00～30.00	21.00～25.00	16.00～20.00	11.00～15.00	≤10.00
有机质	克/千克	＞25.00	20.01～25.00	15.01～20.00	10.01～15.00	5.01～10.00	≤5.00
有效磷	毫克/千克	＞25.00	20.10～25.00	15.10～20.00	10.10～15.00	5.10～10.00	≤5.00
速效钾	毫克/千克	＞200.00	151.00～200.00	101.00～150.00	81.00～100.00	51.00～80.00	≤50.00

（4）层次分析法：用于计算各参评因子的组合权重。本次评价，把耕地生产性能（即耕地地力）作为目标层（G层），把影响耕地生产性能的立地条件、土体构型、较稳定的理化性状、易变化的化学性状、农田基础设施条件作为准则层（C层），再把影响准则层中的各因素的项目作为指标层（A层），建立耕地地力评价层次结构图。在此基础上，由34名专家分别对不同层次内各参评因素的重要性做出判断，构造出不同层次间的判断矩阵。最后计算出各评价因子的组合权重。

（5）指数和法：采用加权法计算耕地地力综合指数，即将各评价因子的组合权重与相应的因素等级分值（即由专家经验法或模糊综合评判法求得的隶属度）相乘后累加，如：

$$IFI = \sum B_i \times A_i (i = 1, 2, 3, \cdots, 15)$$

式中：IFI——耕地地力综合指数；

　　　B_i——第 i 个评价因子的等级分值；

　　　A_i——第 i 个评价因子的组合权重。

2. 技术流程

（1）应用叠加法确定评价单元：把基本农田保护区规划图与土地利用现状图、土壤图叠加形成的图斑作为评价单元。

（2）空间数据与属性数据的连接：用评价单元图分别与各个专题图叠加，为每一评价单元获取相应的属性数据。根据调查结果，提取属性数据进行补充。

（3）确定评价指标：根据全国耕地地力调查评价指数表，由山西省土壤肥料工作站组织 34 名专家，采用特尔菲法和模糊综合评判法确定隰县耕地地力评价因子及其隶属度。

（4）应用层次分析法确定各评价因子的组合权重。

（5）数据标准化：计算各评价因子的隶属函数，对各评价因子的隶属度数值进行标准化。

（6）应用累加法计算每个评价单元的耕地地力综合指数。

（7）划分地力等级：分析综合地力指数分布，确定耕地地力综合指数的分级方案，划分地力等级。

（8）归入农业部地力等级体系：选择 10％的评价单元，调查近 3 年粮食单产（或用基础地理信息系统中已有资料），与以粮食作物产量为引导确定的耕地基础地力等级进行相关分析，找出两者之间的对应关系，将评价的地力等级归入农业部确定的等级体系（NY/T 309—1996　全国耕地类型区、耕地地力等级划分）。

（9）采用 GIS、GPS 系统编绘各种养分图和地力等级图等图件。

三、评价标准体系建立

耕地地力评价标准体系建立

1. 耕地地力要素的层次结构　见图 2-2。

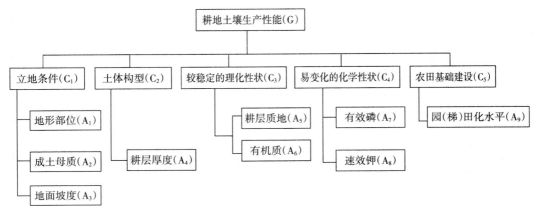

图 2-2　耕地地力要素层次结构

2. 耕地地力要素的隶属度

（1）概念性评价因子：各评价因子的隶属度及其描述见表 2-3。

（2）数值型评价因子：各评价因子的隶属函数（经验公式）见表 2-4。

表2-3 隰县耕地地力评价概念性因子隶属度及其描述

地形部位										
描述	河漫滩	一级阶地	二级阶地	高阶地	垣地	中低山顶	梁地	峁地	坡麓	沟谷
隶属度	0.7	1.0	0.9	0.7	0.4	0.1	0.2	0.2	0.1	0.6

母质类型				
描述	洪积物	石灰性土质洪积物	黄土母质	沙质黄土母质
隶属度	0.7	0.9	1.0	0.6

耕层质地						
描述	沙土	沙壤	轻壤	中壤	重壤	黏土
隶属度	0.2	0.6	0.8	1.0	0.8	0.4

梯(园)田化水平						
描述	地面平坦园田化水平高	地面基本平坦园田化水平较高	高水平梯田	缓坡梯田熟化程度5年以上	新修梯田	坡耕地
隶属度	1.0	0.8	0.6	0.4	0.2	0.1

表2-4 隰县耕地地力评价数值型因子隶属函数

函数类型	评价因子	经验公式	C	U_t
戒下型	地面坡度(°)	$y=1/[1+6.492\times10^{-3}\times(u-c)^2]$	3.00	≥25.00
戒上型	耕层厚度(厘米)	$y=1/[1+4.057\times10^{-3}\times(u-c)^2]$	33.80	≤10.00
戒上型	有机质(克/千克)	$y=1/[1+2.912\times10^{-3}\times(u-c)^2]$	28.40	≤5.00
戒上型	有效磷(毫克/千克)	$y=1/[1+3.035\times10^{-3}\times(u-c)^2]$	28.80	≤5.00
戒上型	速效钾(毫克/千克)	$y=1/[1+5.389\times10^{-5}\times(u-c)^2]$	228.76	≤50.00

3. 耕地地力要素的组合权重 应用层次分析法所计算的各评价因子的组合权重见表2-5。

4. 耕地地力分级标准 隰县耕地地力分级标准见表2-6。

表 2-5 隰县耕地地力评价因子层次分析结果

指标层	准则层					组合权重
	C_1 0.472 9	C_2 0.098 3	C_3 0.106 0	C_4 0.143 1	C_5 0.179 7	$\sum C_i A_i$ 1.000 0
A_1 地形部位	0.550 6					0.264 3
A_2 成土母质	0.197 3					0.086 6
A_3 地面坡度	0.252 1					0.121 9
A_4 耕层厚度		1.000 0				0.098 3
A_5 耕层质地			0.500 0			0.053 0
A_6 有机质			0.500 0			0.053 0
A_7 有效磷				0.629 6		0.090 1
A_8 速效钾				0.370 4		0.053 0
A_9 园田化水平					1.000 0	0.179 8

表 2-6 隰县耕地地力等级标准

等 级	生产能力综合指数	面 积（亩）	占面积（%）
一	≥0.785	14 015.6	4.54
二	0.74～0.785	26 561.8	8.60
三	0.71～0.74	58 518.0	18.94
四	0.65～0.71	85 791.9	27.76
五	0.58～0.65	109 114.8	35.31
六	0.5～0.58	14 994.7	4.85

第六节 耕地资源管理信息系统建立

一、耕地资源管理信息系统的总体设计

总体目标

耕地资源信息系统以一个县行政区域内耕地资源为管理对象，应用GIS技术对辖区内的地形、地貌、土壤、土地利用、农田水利、土壤污染、农业生产基本情况、基本农田保护区等资料进行统一管理，构建耕地资源基础信息系统；并将此数据平台与各类管理模型结合，对辖区内的耕地资源进行系统的动态管理，为农业决策者、农民和农业技术人员提供耕地质量动态变化、土壤适宜性、施肥咨询、作物营养诊断等多方位的信息服务。

本系统行政单元为村，农田单元为基本农田保护块，土壤单元为土种，系统基本管理单元为土壤、基本农田保护块、土地利用现状叠加所形成的评价单元。

1. 系统结构　见图 2-3。

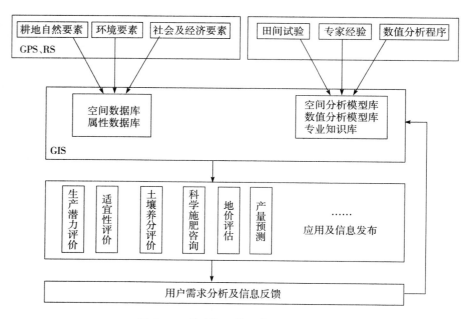

图 2-3　耕地资源管理信息系统结构

2. 县域耕地资源管理信息系统建立工作流程　见图 2-4。

3. CLRMIS、硬件配置

（1）硬件：P5 及其兼容机，≥1G 的内存，≥20G 的硬盘，≥32M 的显存，A4 扫描仪，彩色喷墨打印机。

（2）软件：Windows 2000/XP，Excel 2000/XP 等。

二、资料收集与整理

（一）图件资料收集与整理

图件资料指印刷的各类地图、专题图以及商品数字化矢量和栅格图。图件比例尺为 1:50 000 和 1:10 000。

（1）地形图：统一采用中国人民解放军总参谋部测绘局测绘的地形图。由于近年来公路、水系、地形地貌等变化较大，因此采用水利、公路、规划、国土等部门的有关最新图件资料对地形图进行修正。

（2）行政区划图：由于近年撤乡并镇等工作致使部分地区行政区划变化较大，因此按最新行政区划进行修正，同时注意名称、拼音、编码等的一致。

（3）土壤图及土壤养分图：采用第二次土壤普查成果图。

（4）基本农田保护区现状图：采用国土局最新划定的基本农田保护区图。

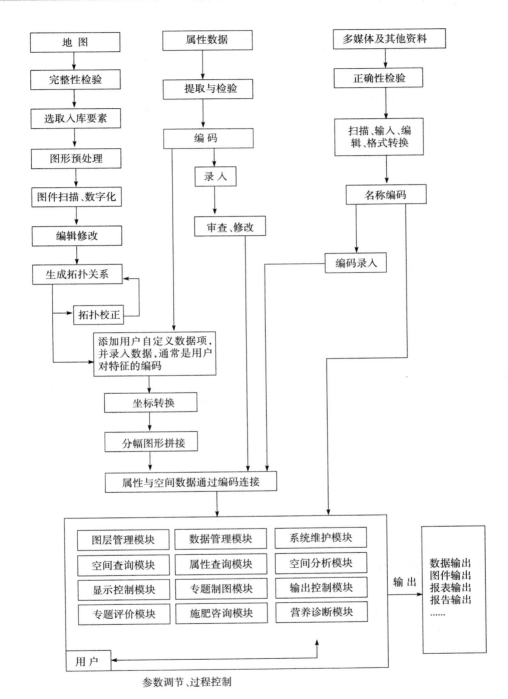

图 2-4　县域耕地资源管理信息系统建立工作流程

（5）地貌类型分区图：根据地貌类型将辖区内农田分区，采用第二次土壤普查分类系统绘制成图。

（6）土地利用现状图：现有的土地利用现状图。

（7）主要污染源点位图：调查本地可能对水体、大气、土壤形成污染的矿区、工厂等，并确定污染类型及污染强度，在地形图上准确标明位置及编号。

（8）土壤肥力监测点点位图：在地形图上标明准确位置及编号。

（9）土壤普查土壤采样点点位图：在地形图上标明准确位置及编号。

（二）数据资料收集与整理

（1）基本农田保护区一级、二级地块登记表，国土局基本农田划定资料。

（2）其他有关基本农田保护区划定统计资料，国土局基本农田划定资料。

（3）近几年粮食单产、总产、种植面积统计资料（以村为单位）。

（4）其他农村及农业生产基本情况资料。

（5）历年土壤肥力监测点田间记载及化验结果资料。

（6）历年肥情点资料。

（7）县、乡、村名编码表。

（8）近几年土壤、植株化验资料（土壤普查、肥力普查等）。

（9）近几年主要粮食作物、主要品种产量构成资料。

（10）各乡历年化肥销售、使用情况。

（11）土壤志、土种志。

（12）特色农产品分布、数量资料。

（13）主要污染源调查情况统计表（地点、污染类型、方式、强度等）。

（14）当地农作物品种及特性资料，包括各个品种的全生育期、大田生产潜力、最佳播期、移栽期、播种量、栽插密度、百千克籽粒需氮量、需磷量、需钾量等，及品种特性介绍。

（15）一元、二元、三元肥料肥效试验资料，计算不同地区、不同土壤、不同作物品种的肥料效应函数。

（16）不同土壤、不同作物基础地力产量占常规产量比例资料。

（三）文本资料收集与整理

（1）全县及各乡（镇）基本情况描述。

（2）各土种性状描述，包括其发生、发育、分布、生产性能、障碍因素等。

（四）多媒体资料收集与整理

（1）土壤典型剖面照片。

（2）土壤肥力监测点景观照片。

（3）当地典型景观照片。

（4）特色农产品介绍（文字、图片）。

（5）地方介绍资料（图片、录像、文字、音乐）。

三、属性数据库建立

（一）属性数据内容

CLRMIS 主要属性资料及其来源见表 2-7。

表 2-7　CLRMIS 主要属性资料及其来源

编　号	名　　称	来　　源
1	湖泊、面状河流属性表	水利局
2	堤坝、渠道、线状河流属性数据	水利局
3	交通道路属性数据	交通局
4	行政界线属性数据	农业委员会
5	耕地及蔬菜地灌溉水、回水分析结果数据	农业委员会
6	土地利用现状属性数据	国土局、卫星图片解译
7	土壤、植株样品分析化验结果数据表	本次调查资料
8	土壤名称编码表	土壤普查资料
9	土种属性数据表	土壤普查资料
10	基本农田保护块属性数据表	国土局
11	基本农田保护区基本情况数据表	国土局
12	地貌、气候属性表	土壤普查资料
13	县乡村名编码表	统计局

（二）属性数据分类与编码

数据的分类编码是对数据资料进行有效管理的重要依据。编码的主要目的是节省计算机内存空间，便于用户理解使用。地理属性进入数据库之前进行编码是必要的，只有进行了正确的编码，空间数据库与属性数据库才能实现正确连接。编码格式有英文字母与数学组合。本系统主要采用数字表示的层次型分类编码体系，它能反映专题要素分类体系的基本特征。

（三）建立编码字典

数据字典是数据库应用设计的重要内容，是描述数据库中各类数据及其组合的数据集合，也称元数据。地理数据库的数据字典主要用于描述属性数据，它本身是一个特殊用途的文件，在数据库整个生命周期里都起着重要的作用。它避免重复数据项的出现，并提供了查询数据的唯一入口。

（四）数据库结构设计

属性数据库的建立与录入可独立于空间数据库和 GIS 系统，可以在 Access、Dbase、Foxbase 和 Foxpro 下建立，最终统一以 dBase 的 dbf 格式保存入库。下面以 dBase 的 dbf 数据库为例进行描述。

1. 湖泊、面状河流属性数据库 lake. dbf

字段名	属　性	数据类型	宽　度	小数位	量　纲
lacode	水系代码	N	4	0	代码
laname	水系名称	C	20		
lacontent	湖泊贮水量	N	8	0	万米^3
laflux	河流流量	N	6		米^3/秒

2. 堤坝、渠道、线状河流属性数据 stream. dbf

字段名	属性	数据类型	宽度	小数位	量纲
ricode	水系代码	N	4	0	代码
riname	水系名称	C	20		
riflux	河流、渠道流量	N	6		米^3/秒

3. 交通道路属性数据库 traffic. dbf

字段名	属性	数据类型	宽度	小数位	量纲
rocode	道路编码	N	4	0	代码
roname	道路名称	C	20		
rograde	道路等级	C	1		
rotype	道路类型	C	1		（黑色/水泥/石子/土）

4. 行政界线（省、市、县、乡、村）属性数据库 boundary. dbf

字段名	属性	数据类型	宽度	小数位	量纲
adcode	界线编码	N	1	0	代码
adname	界线名称	C	4		

adcode	
1	国界
2	省界
3	市界
4	县界
5	乡界
6	村界

5. 土地利用现状属性数据库 * anduse. dbf

字段名	属性	数据类型	宽度	小数位	量纲
lucode	利用方式编码	N	2	0	代码
luname	利用方式名称	C	10		

* 土地利用现状分类表。

6. 土种属性数据表 * soil. dbf

字段名	属性	数据类型	宽度	小数位	量纲
sgcode	土种代码	N	4	0	代码
stname	土类名称	C	10		
ssname	亚类名称	C	20		
skname	土属名称	C	20		

sgname	土种名称	C	20
pamaterial	成土母质	C	50
profile	剖面构型	C	50

土种典型剖面有关属性数据：

text	剖面照片文件名	C	40
picture	图片文件名	C	50
html	HTML 文件名	C	50
video	录像文件名	C	40

＊土壤系统分类表。

7. 土壤养分（pH、有机质、氮等）**属性数据库 nutr＊＊＊＊.dbf**

本部分由一系列的数据库组成，视实际情况不同有所差异，如在盐碱土地区还包括盐分含量及离子组成等。

（1）pH 库 nutrph.dbf：

字段名	属　性	数据类型	宽　度	小数位	量　纲
code	分级编码	N	4	0	代码
number	pH	N	4	1	

（2）有机质库 nutrom.dbf：

字段名	属　性	数据类型	宽　度	小数位	量　纲
code	分级编码	N	4	0	代码
number	有机质含量	N	5	2	百分含量

（3）全氮量库 nutrN.dbf：

字段名	属　性	数据类型	宽　度	小数位	量　纲
code	分级编码	N	4	0	代码
number	全氮含量	N	5	3	百分含量

（4）速效养分库 nutrP.dbf：

字段名	属　性	数据类型	宽　度	小数位	量　纲
code	分级编码	N	4	0	代码
number	速效养分含量	N	5	3	毫克/千克

8. 基本农田保护块属性数据库 farmland.dbf

字段名	属　性	数据类型	宽　度	小数位	量　纲
plcode	保护块编码	N	7	0	代码
plarea	保护块面积	N	4	0	亩
cuarea	其中耕地面积	N	6		
eastto	东　至	C	20		

westto	西　至	C	20
sorthto	南　至	C	20
northto	北　至	C	20
plperson	保护责任人	C	6
plgrad	保护级别	N	1

9. 地貌*、气候属性表 landform. dbf

字段名	属　　性	数据类型	宽　度	小数位	量　纲
landcode	地貌类型编码	N	2	0	代码
landname	地貌类型名称	C	10		
rain	降水量	C	6		

＊地貌类型编码表。

10. 基本农田保护区基本情况数据表（略）

11. 县、乡、村名编码表

字段名	属　　性	数据类型	宽　度	小数位	量　纲
vicodec	单位编码—县内	N	5	0	代码
vicoden	单位编码—统一	N	11		
viname	单位名称	C	20		
vinamee	名称拼音	C	30		

（五）数据录入与审核

数据录入前仔细审核，数值型资料注意量纲、上下限，地名应注意汉字多音字、繁简体、简全称等问题，审核定稿后再录入。录入后仔细检查，保证数据录入无误后，将数据库转为规定的格式（dBase 的 dbf 文件格式文件），再根据数据字典中的文件名编码命名后保存在规定的子目录下。

文字资料以 TXT 格式命名保存，声音、音乐以 WAV 或 MID 文件保存，超文本以 HTML 格式保存，图片以 BMP 或 JPG 格式保存，视频以 AVI 或 MPG 格式保存，动画以 GIF 格式保存。这些文件分别保存在相应的子目录下，其相对路径和文件名录入相应的属性数据库中。

四、空间数据库建立

（一）数据采集的工艺流程

在耕地资源数据库建设中，数据采集的精度直接关系到现状数据库本身的精度和今后的应用，数据采集的工艺流程是关系到耕地资源信息管理系统数据库质量的重要基础工作。因此，对数据的采集制定了一个详尽的工艺流程。首先，对收集的资料进行分类检查、整理与预处理；其次，按照图件资料介质的类型进行扫描，并对扫描图件进行扫描校正；再次，进行数据的分层矢量化采集、矢量化数据的检查；最后，对矢量化数据进行坐标投影转换与数据拼接工作以及数据、图形的综合检查和数据的分层与格式转换。

具体数据采集的工艺流程见图 2-5。

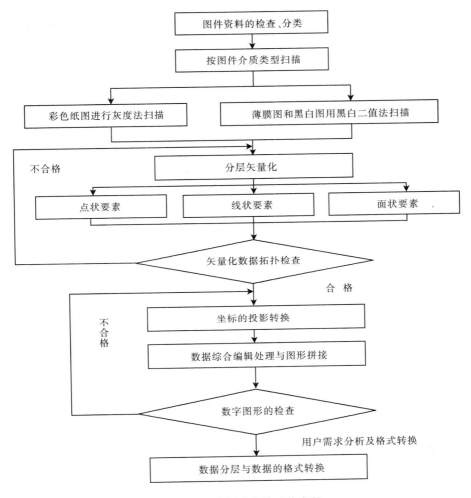

图 2-5 数据采集的工艺流程

（二）图件数字化

1. 图件的扫描 由于所收集的图件资料为纸介质的图件资料，所以采用灰度法进行扫描。扫描的精度为 300dpi。扫描完成后将文件保存为 ＊.TIF 格式。在扫描过程中，为了能够保证扫描图件的清晰度和精度，对图件先进行预见扫描。在预见扫描过程中，检查扫描图件的清晰度，其清晰度必须能够区分图内的各要素，然后利用 Lontex Fss8300 扫描仪自带的 CAD image/scan 扫描软件进行角度校正，角度校正后必须保证图幅下方两个内图廓点的连线与水平线的角度误差小于 0.2°。

2. 数据采集与分层矢量化 对图形的数字化采用交互式矢量化方法，确保图形矢量化的精度。在耕地资源信息系统数据库建设中需要采集的要素有：点状要素、线状要素和面状要素。由于所采集的数据种类较多，所以必须对所采集的数据按不同类型进行分层采集。

（1）点状要素的采集：可以分为两种类型，一种是零星地类，另一种是注记点。零星地类包括一些有点位的点状零星地类和无点位的零星地类。对于有点位的零星地类，在数据的分层矢量化采集时，将点标记置于点状要素的几何中心点；对于无点位的零星地类，在分层矢量化采集时，将点标记置于原始图件的定位点。农化点位、污染源点位等注记点的采集按照原始图件资料中的注记点，在矢量化过程中一一标注相应的位置。

（2）线状要素的采集：在耕地资源图件资料上的线状要素主要有水系、道路、带有宽度的线状地物界、地类界、行政界线、权属界线、土种界、等高线等，对于不同类型的线状要素，进行分层采集。线状地物主要是指道路、水系、沟渠等，线状地物数据采集时考虑到有些线状地物，由于其宽度较宽，如一些较大的河流、沟渠，它们在地图上可以按照图件资料的宽度比例表示为一定的宽度，则按其实际宽度的比例在图上表示；有些线状地物，如一些道路和水系，由于其宽度不能在图上表示，在采集其数据时，则按栅格图上的线状地物的中轴线来确定其在图上的实际位置。对地类界、行政界、土种界和等高线数据的采集，保证其封闭性和连续性。线状要素按照其种类不同分层采集、分层保存，以备数据分析时进行利用。

（3）面状要素的采集：面状要素要在线状要素采集后，通过建立拓扑关系形成区后进行，由于面状要素是由行政界线、权属界线、地类界线和一些带有宽度的线状地物界等结状要素所形成的一系列的闭合性区域，其主要包括行政区、权属区、土壤类型区等图斑。所以，对于不同的面状要素，因采用不同的图层对其进行数据的采集。考虑到实际情况，将面状要素分为行政区层、地类层、土壤层等图斑层。将分层采集的数据分层保存。

（三）矢量化数据的拓扑检查

由于在矢量化过程中不可避免地要存在一些问题，因此，在完成图形数据的分层矢量化以后，要进行下一步工作时，必须对分层矢量化以后的数据进行矢量化数据的拓扑检查。在对矢量化数据的拓扑检查中主要是完成以下几方面的工作：

1. 消除在矢量化过程中存在的一些悬挂线段 在线状要素的采集过程中，为了保证线段完全闭合，某些线段可能出现相互交叉的情况，这些均属于悬挂线段。在进行悬挂线段的检查时，首先使用 MapGIS 的线文件拓扑检查功能，自动对其检查和清除，如果其不能够自动清除的，则对照原始图件资料进行手工修正。对线状要素进行矢量化数据检查完成以后，随即由作图员对所矢量化的数据与原始图件资料相对比进行检查，如果在对检查过程中发现有一些通过拓扑检查所不能够解决的问题，矢量化数据的精度不符合精度要求的，或者是某些线状要素存在着一定的位移而难以校正的，则对其中的线状要素进行重新矢量化。

2. 检查图斑和行政区等面状要素的闭合性 图斑和行政区是反映一个地区耕地资源状况的重要属性。在对图件资料中的面状要素进行数据的分层矢量化采集中，由于图件资料中所涉及的图斑较多；在数据的矢量化采集过程中，有可能存在着一些图斑或行政界的不闭合情况，可以利用 MapGIS 的区文件拓扑检查功能；对在面状要素分层矢量化采集过程中所保存的一系列区文件进行适量化数据的拓扑检查。在拓扑检查过程中可以消除大多数区文件的不闭合情况。对于不能够自动消除的，通过与原始图件资料的相互检查，消除其不闭合情况。如果通过对适量化以后的区文件的拓扑检查，可以消除在适量化过程中所出现的上述问题，则进行下一步工作，如果在拓扑检查以后还存在一些问题，则对其进行重新矢量化，以确保系统建设的精度。

（四）坐标的投影转换与图件拼接

1. 坐标转换　在进行图件的分层矢量化采集过程中，所建立的图面坐标系（单位为毫米），而在实际应用中，则要求建立平面直角坐标系（单位为米）。因此，必须利用 MapGIS 所提供的坐标转换功能，将图面坐标转换成为正投影的大地直角坐标系。在坐标转换过程中，为了能够保证数据的精度，可根据提供数据源的图件精度的不同，在坐标转换过程中，采用不同的质量控制方法进行坐标转换工作。

2. 投影转换　县级土地利用现状数据库的数据投影方式采用高斯投影，也就是将进行坐标转换以后的图形资料，按照大地坐标系的经纬度坐标进行转换，以便以后进行图件拼接。在进行投影转换时，对 1∶10 000 土地利用图件资料，投影的分带宽度为 3°。但是根据地形的复杂程度，行政区的跨度和图幅的具体情况，对于部分图形采用非标准的 3° 分带高斯投影。

3. 图件拼接　隰县提供的是 1∶50 000 的电子版土地利用现状图是，在系统建设过程中应图幅进行拼接。在图斑拼接检查过程中，相邻图幅间的同名要素误差应小于 1 毫米，这时移动其任何一个要素进行拼接，同名要素间距在 1～3 毫米的处理方法是将两个要素各自移动一半，在中间部分结合，这样图幅拼接完全满足了精度要求。

五、空间数据库与属性数据库的连接

MapGIS 系统采用不同的数据模型分别对属性数据和空间数据进行存储管理，属性数据采用关系模型，空间数据采用网状模型。两种数据的连接非常重要。在一个图幅工作单元 Coverage 中，每个图形单元由一个标识码来唯一确定。同时一个 Coverage 中可以若干个关系数据库文件即要素属性表，用以完成对 Coverage 的地理要素的属性描述。图形单元标识码是要素属性表中的一个关键字段，空间数据与属性数据以此字段形成关联，完成对地图的模拟。这种关联是 MapGIS 的两种模型联成一体，可以方便地从空间数据检索属性数据或者从属性数据检索空间数据。

对属性与空间数据的连接采用的方法是：在图件矢量化过程中，标记多边形标识点，建立多边形编码表，并运用 MapGIS 将用 foxpro 建立的属性数据库自动连接到图形单元中，这种方法可由多人同时进行工作，速度较快。

第三章　耕地土壤属性

第一节　耕地土壤类型

一、土壤类型及分布

根据全国第二次土壤普查，隰县土壤分为3个土类，6个亚类，21个土属，44个土种。其分布受地形、地貌、水文、地质条件影响，随地形呈明显变化。具体分布见表3-1。

表3-1　隰县土壤分布状况

土　类	面积（亩）	亚类面积（亩）	分　布
褐　土	2 103 543	山地淋溶褐土（50 469）	分布在山地棕壤的下面，海拔高度为1 700米以上
		山地褐土（406 467）	分布在黄土、陡坡、下李等乡（镇），海拔为1 300～1 750米
		褐土性土（1 499 217）	分布在丘陵、残垣、沟坡地带，海拔为1 300米以下
		碳酸盐褐土（147 390）	是本县地带性土壤，分布在七大垣和两川的二级阶地上
棕壤	15 972	山地棕壤（15 972）	分布在海拔为1 800～1 850米以上的紫荆山一带地区
草甸土	727	浅色草甸土（727）	分布在城川河和东川河的一级阶地和高河漫滩处
3个土类	2 120 242		

注：①表中分类是按1985年分类系统分类。

②土壤类型特征及主要生产性能中的分类是按照1983年标准分类，土类、亚类、土属、土种后面括号中即是1985年标准分类。

③本部分除注明数据为此次调查测定外，其余数据文字内容均为第二次土壤普查的资料数据。

为了方便基层应用，本节土壤类型论述土壤名称仍沿用二次土壤普查时的名称。同时，制订了新旧土种对照，以方便和新土种对照，见表3-2、表3-3。

表3-2　隰县新旧土种名称与母质类型、土体构型对照表

省级土地种名称	代号	母质类型	土体构型	省级土地种名称	代号	母质类型	土体构型
灰泥质林土	5			底砾洪黄壤土	40	淤积物	A—B—C
深黏垣黄壤土	26	黄土质	A—B—Ct	薄沙泥质淋土	55		
浅黏垣黄壤土	27	黄土质	A—Bt—C	沙泥质淋土	56		
深黏黄壤土	30	黄土状	A—B—Ct（ca）	薄灰泥质淋土	58		
深黄壤土	38	淤积物	A—B—C	灰泥质淋土	59		

（续）

省级土地种名称	代号	母质类型	土体构型	省级土地种名称	代号	母质类型	土体构型
薄立黄土	83			底砾沟淤土	126	淤积物	A—B—C
立黄土	85			大瓣红土	213		
耕立黄土	89	黄土质	A—B—C	薄麻渣土	232		
垣坡立黄土	90			麻渣土	233		
耕少砾立黄土	93	黄土质	A—B—C	薄沙渣土	237		
耕红立黄土	103	红黄土质	A—B—C	沙渣土	238		
二合红立黄土	105			薄灰渣土	241		
耕二合红立黄土	106	红黄土质	A—B—C	灰渣土	242		
沟淤土	124	淤积物	A—B—C				

表 3-3　隰县省级与县级新旧土种对照表

县级土种名称	代号	省级土种名称	代号	省级土属名称	代号	省亚类	代号	省土类	代号
中层灰岩质山地棕壤	1	灰泥质林土	5	灰泥质棕壤	A.a.4	棕壤	A.a	棕　壤	A
厚层黄土质山地棕壤	2								
轻壤深位中层黏化耕种黄土质碳酸盐褐土	35	深黏垣黄壤土	26	黄土质石灰性褐土	B.b.1	石灰性褐土	B.b	褐　土	B
轻壤深位厚层黏化耕种黄土质碳酸盐褐土	36								
轻壤深位中黏化层耕种黄土质碳酸盐褐土	39								
轻壤浅位中层黏化耕种黄土质碳酸盐褐土	33	浅黏垣黄壤土	27						
轻壤浅位厚层黏化耕种黄土质碳酸盐褐土	34								
轻壤浅位中黏化层耕种黄土质碳酸盐褐土	37								
轻壤浅位厚黏化层耕种黄土质碳酸盐褐土	38								
中壤深位厚黏化层耕种黄土状碳酸盐褐土	42	深黏黄壤土	30	黄土状石灰性褐土	B.b.3				
中壤深位厚砾石层耕种黄土质状碳酸盐褐土	43								
轻壤底砾耕种浅色草甸土	44								
中壤耕种洪积碳酸盐褐土	40	洪黄壤土	38	洪积石灰性褐土	B.b.5				
中壤深位厚砾石层耕种洪积碳酸盐褐土	41	底砾洪黄壤土	40						
薄层沙页岩质山地淋溶褐土	5	薄沙泥质淋土	55	沙泥质淋溶褐土	B.C.5	淋溶褐土	B.C		
中层沙页岩质山地淋溶褐土	6	沙泥质淋土	56						
薄层灰岩质山地淋溶褐土	3	薄灰泥质淋土	58	灰泥质淋溶褐土	B.C.6				
中层灰岩质山地淋溶褐土	4	灰泥质淋土	59						

县级土种名称	代号	省级土种名称	代号	省级土属名称	代号	省亚类	代号	省土类	代号
中壤重度侵蚀黄土质褐土性土	26	薄立黄土	83	黄土质褐土性土	B.e.4	褐土性土	B.e	褐土	B
厚层黄土质山地褐土	13	立黄土	85						
厚层耕种黄土质山地褐土	14	耕立黄土	89						
轻壤耕种黄土质山地褐土	18								
轻壤黄土质褐土性土	23	垣坡立黄土	90						
轻壤轻度侵蚀黄土质褐土性土	24								
中壤中度侵蚀黄土质褐土性土	25								
轻壤轻度侵蚀耕种黄土质褐土性土	19	耕少砾立黄土	93						
轻壤中度侵蚀耕种黄土质褐土性土	20								
轻壤重度侵蚀耕种黄土质褐土性土	21								
轻壤轻度侵蚀红黄土层耕种黄土质褐土性土	22								
厚层耕种红黄土质山地褐土	15	耕红立黄土	103	红黄土质褐土性土	B.e.5				
重壤中度侵蚀红黄土质褐土性土	28	二合红立黄土	105						
中壤中度侵蚀耕种红黄土质褐土性土	27	耕二合红立黄土	106						
厚层耕种沟淤山地褐土	17	沟淤土	124	沟淤褐土性土	B.e.8				
轻壤耕种沟淤山地褐土	29								
中壤耕种沟淤山地褐土	31								
轻壤深位厚砾石层耕种沟淤褐土性土	30	底砾沟淤土	126						
中壤深位厚砾石层耕种沟淤褐土性土	32								
厚层红黏土质山地褐土	16	大瓣红土	213	红黏土	F.a.1	红黏土	F.a	红黏土	F
薄层花岗片麻岩质山地褐土	7	薄麻渣土	232	麻沙质中性粗骨土	K.a.1	中性粗骨土	K.a	粗骨土	K
中层花岗片麻岩质山地褐土	8	麻渣土	233						
薄层沙页岩质山地褐土	11	薄沙渣土	237	沙泥质中性粗骨土	K.a.4				
中层沙页岩质山地褐土	12	沙渣土	238						
薄层灰岩质山地褐土	9	薄灰渣土	241	钙质粗骨土	K.b.1	钙质粗骨土	K.b		
中层灰岩质山地褐土	10	灰渣土	242						

二、土壤类型特征及主要生产性能

（一）褐土

褐土分布在海拔为 765～1 800 米，沟川、丘陵以及低中山各地貌单元均有分布，为全县主要的农业土壤，占总土地面积的 99.23%。由于全县属于暖温半干旱的季风气候带，夏季短、温度高又多雨，冬季长、寒冷又干燥。植被多呈旱生型，如荆条、酸枣、狗尾草、蒿类等。隰县褐土，除山地为白云岩、花岗片麻岩、石灰岩、砂岩等风化物形成外，一般都是在富含碳酸盐的第四纪黄土上发育形成的。成土过程不受地下水影响。

由于生物、地形部位和小气候及人为利用的不同，使其内部产生了差异。根据这些差异和附加的成土过程及土类之间的过渡，把褐土分为山地淋溶褐土、山地褐土、褐土性土和碳酸盐褐土 4 个亚类。现分述如下：

1. 山地淋溶褐土

（1）砂页岩质山地淋溶褐土（沙泥质淋溶褐土）：

土种：薄层砂页岩质淋溶褐土（代号 055）。

隰县砂页岩质山地淋溶褐土，主要分布于艾和岩、上天山一带。面积为 19 269 亩，占总土地面积的 1.07%。

土壤发育在砂页岩的残积、坡积物母质上。土层较薄，质地均一而较粗。植被茂密，土体湿润，淋溶较强。

砂页岩质山地淋溶褐土的剖面形态特征如下（典型剖面采自黄土镇大坪村张家背，赵家庄北偏西，海拔高度为 1 830 米）：

0～3 厘米：半分解枯枝落叶层。

3～8 厘米：褐色，中壤，团粒结构，土体疏松多孔，湿润，多植物根。

8～38 厘米：灰褐色，中壤，碎块状结构，土体紧实，湿润，中量植物根，无石灰反应。

38～76 厘米：灰褐色，中壤，碎块状结构，土体紧实，湿润，中量植物根，无石灰反应。

76 厘米以下为母岩半风化物。

全剖面无石灰反应。

（2）石灰岩质山地淋溶褐土（灰泥质淋溶褐土）：

土种：薄层灰岩质山地淋溶褐土（代号 058）和中层灰岩质山地淋溶褐土（代号 059）。

石灰岩质山地淋溶褐土分布在艾和岩、老爷顶等山地中上部，面积有 27 835 亩，占总土地面积的 1.31%。

石灰岩质山地淋溶褐土的剖面形态特征如下（典型剖面采自黄土镇砲儿沟，海拔为 1 800 米，阴坡）：

0～5 厘米：半分解枯枝落叶层。

5～16 厘米：褐色，沙壤，屑粒结构，疏松，湿润，多根系，有中量蚯蚓粪，无石灰反应。

16～36 厘米：灰褐色，轻壤，碎块状结构，紧实，湿润，中量根系，中量蚯蚓粪，石灰反应微弱。

36～41 厘米黄褐色，中壤，碎块状结构，紧实，湿润，中量根系，中量石块，石灰反应强烈。

41 厘米以下为母岩风化物。

2. 山地褐土 山地褐土主要分布在黄土、陡坡、下李等乡（镇），其上限与山地淋溶褐土交错衔接，其下限与褐土性土相连。海拔为 1 300～1 750 米。

其自然植被以疏灌、草灌植被为多，主要为旱生型植物。如黄刺玫、野丁香、醋柳、铁蒿类等为主，海拔较高处有山杨、柞、桦等乔木。

土层厚薄依据其母质类型或侵蚀的强弱，而有所不同。发育在残积—坡积母质上的土壤，土层浅薄，一般仅为 30～60 厘米，且砾石较多；而发育在黄土或沟淤土母质上的土壤，土层厚度大于 1 米。

全剖面一般石灰反应强烈，心土层可见到糯状或假菌丝状碳酸钙沉淀积，但花岗片麻岩质和红土质上发育的土壤，石灰反应微弱或没有。在一部分土种中还可见到黏粒移位，但黏化层不明显。

依据山地褐土的母质类型和农业利用方式分为：花岗片麻岩质山地褐土、石灰岩质山地褐土、砂页岩质山地褐土、黄土质山地褐土等 8 个土属，现分述如下。

（1）花岗片麻岩质山地褐土（麻沙质中性粗骨土）：花岗片麻岩质山地褐土包括 2 个土种，薄层花岗片麻岩质山地褐土（代号 232）和中层花岗片麻岩质山地褐土（代号 233）。在黄土、陡坡、下李 3 个乡（镇）均有分布，面积 112 376 亩，占总土地面积的 5.3%。覆盖差，水土流失严重。除一部分林地外，多放牧利用。自然植被包括有侧柏、柞木、醋柳、黄刺玫、披碱草、铁秆蒿等。

典型剖面采自黄土镇上紫峪村，南偏东 350 米，海拔高度为 1 290 米，土壤名称为中层华纲片麻岩质山地褐土。

剖面描述如下：

0～3 厘米，半分解枯枝落叶层。

3～14 厘米，黑褐色，轻壤，屑粒结构，疏松，湿润，多植物根系，无石灰反应。

14～23 厘米，褐色，轻壤，屑粒结构，稍紧，湿润，多植物根系，多砾石，无石灰反应。

23～35 厘米，灰褐色，沙壤，屑粒状，疏松，稍润，中量植物根系，多砾石，无石灰反应。

35 厘米以下为半风化母岩。

（2）石灰岩质山地褐土（钙质粗骨土）：根据土层厚薄，改土属分为 2 个土种，即薄层石灰岩山地褐土（代号 241）和中层石灰岩质地山地褐土（代号 242），分布在黄土镇种子园，下李乡的牛金山、石窑、青龙山等处。面积 167 080 亩，占总土地面积的 7.88%。一般土层浅薄，土质较细，质地为轻壤—中壤，但多含砾石，大部岩石裸露地表，植被多为一些乔木疏林和丛生灌木草类，目前多为林牧业基地。

典型剖面取自下李乡青龙山阳坡，海拔为 1 582 米，位于坡中上部。

典型剖面描述如下：

0～4 厘米：褐色，轻壤，屑粒结构，疏松，润，有微弱的石灰反应。

4～24 厘米：深灰褐色，轻壤，屑粒结构，疏松，润，多根系，有中量虫粪，石灰反应微弱。

24～42 厘米：深褐色，中壤，碎块结构，紧实，多根系，有中量石块。

42 厘米以下为母岩。

（3）砂页岩质山地褐土（沙泥质中性粗骨土）：砂页岩质山地褐土分布在黄土、陡坡乡的部分山区，面积 24 077 亩，占土地总面积的 1.13%。由于岩性易于物理风化，所形成的土壤松散，结构极差，或无结构，易受侵蚀，土层较薄，保水性差，大部母岩外露，生长一些稀疏、耐旱灌木杂草类。土体发育微弱，层次不明显，土壤中夹有较多砾石。

典型剖面取自黄土镇大坪村毛背沟，砲儿沟北偏西 2 750 米处，海拔为 1 715 米。

典型剖面描述如下：

0～2 厘米：半分解枯枝落叶层。

2～13 厘米：褐色，中壤偏轻，团粒结构，疏松，润，多植物根，无石灰反应。

13～40 厘米：浅褐色，中壤，屑粒结构，疏松，润，多植物根，无石灰反应。

40 厘米以下为母岩。

（4）黄土质山地褐土（黄土质褐土性土）：黄土质山地褐土只有厚层黄土质山地褐土 1 个土种。主要分布在黄土、下李和陡坡 3 个乡（镇），面积 50 627 亩，占总土地面积的 2.38%。发育在马兰黄土母质上，土层深厚，由于草灌植被覆盖较好，颜色灰褐色。在季节性淋溶作用下，碳酸钙和黏粒的移动淀积较为明显，心土层和底土层黏粒含量（<0.001 毫米）达到 13.8%，比表层高出 40% 以上。黄土质山地褐土在植被遭到破坏，侵蚀较重的地区发育较差，失去腐殖质层，无明显的发育层次，母质特征明显。

典型剖面采自下李乡均庄村，距贺家沟正东 800 米处，海拔为 1 370 米，位于梁的顶部。

典型剖面描述如下：

0～27 厘米：暗灰褐色，轻壤，屑粒结构，稍润，多根系。

27～66 厘米：灰褐色，轻壤偏中，块状结构，紧实，润，植物根中量。

66～102 厘米：浅灰褐色，轻壤偏中，块状结构，紧实，润，植物根少量。

102～150 厘米：灰黄褐色，轻壤偏中，块状结构，紧实，润，少量碳酸钙淀积。

（5）耕种黄土质山地褐土（黄土质褐土性土）：此土属主要分布在黄土、下李、陡坡等乡（镇）的山区的缓坡地带，多为二坡地，海拔为 1 300～1 500 米，有程度不同的水土流失现象。本土属只有厚层耕种黄土质山地褐土一个土种，面积 33 090 亩，占总土地面积的 1.56%。气候冷凉，无霜期短，农业生产受到很大限制，种植作物以莜麦、山药为主。

特点为土层厚，有耕作层出现，质地轻而疏松多孔，易耕作，宜耕期长，保水保肥适中，但由于水土流失之故，熟化程度较差。

典型剖面采自下李乡梁家河村，距高家山南偏西 350 米，海拔高度为 1 550 米。

典型剖面描述如下：

0～20 厘米：暗褐色，轻壤，屑粒状结构，疏松，湿润，多根系，多虫粪。

20～56 厘米：暗灰褐色，轻偏中，块状结构，稍紧，湿润，中量根系，中量虫粪，有中量糯状碳酸钙淀积。

56～83 厘米：暗黄褐色，轻偏中，块状结构，紧实，稍润，中量虫粪，有中量糯状碳酸钙淀积。

83～112 厘米：暗黄褐色，轻偏中，块状结构，紧实，润，少根系，少量虫粪，多量糯状碳酸钙淀积。

112～150 厘米：深黄褐色，轻偏中，块状结构，紧实，润，少根系，少量虫粪，中量糯状碳酸钙淀积。

（6）耕种红黄土质山地褐土（红黄土质褐土性土）：该土种分布在丘陵上部，其上部黄土被冲走，红色黄土裸露地表而成。主要分布在黄土镇下紫峪、南合等处，面积为 3 961 亩，占总土地面积的 0.19%，只划分厚层耕种红黄土质山地褐土 1 个土种。土体厚，经人为耕作施肥，表层形成耕作层，质地较轻，而下层质地较为黏重。土壤较瘠薄，种植作物以莜麦、糜子为主，产量低微，每亩只有 25 千克左右，此土种已退耕还林。

典型剖面采自黄土镇下紫峪的正北 330 米，海拔为 1 305 米。

典型剖面描述如下：

0～36 厘米：黄褐色，轻壤，屑粒结构，疏松、润，多植物根，石灰反应微薄。

36～78 厘米：浅棕色，中壤偏轻，块状结构，紧实，润，中量植物根，少量假菌丝体。

78～110 厘米：浅棕色，中壤，块状结构，紧实，润，少量植物根，中量假菌丝体。

110～150 厘米：灰棕色，中壤，块状结构，稍紧，润，多假菌丝体。

（7）红黏土质山地褐土（红黏土）：此土属划分 1 个土种，即厚层红黏土质山地褐土（代号 213），俗称胶泥土，面积 2 836 亩，占总土地面积的 0.13%，零星分布在黄土镇的大坪村等处的山坡上。母质为第三纪红黏土，表层质地为中壤，以下各层多为轻黏土，表层呈屑粒状结构或碎块状结构，以下各层为棱块状或棱柱状结构，且土体紧实；表层石灰反应微弱，以下各层无石灰反应。

典型剖面采自黄土镇大坪村砲儿沟，距砲儿沟南偏西 1 000 米，海拔高度为 1 570 米。

典型剖面描述如下：

0～20 厘米：灰褐色，中壤，屑粒状结构，疏松，润，多根系。

20～46 厘米：灰棕褐色，轻黏土，棱块状结构，紧实，湿润，中量植物根。

46～80 厘米：灰棕褐色，轻黏土，棱块状结构，紧实，湿润，少量植物根。

80～140 厘米：灰棕褐色，轻黏土，棱块状结构，紧实，湿润。

（8）耕种沟淤山地褐土（沟淤褐土性土）：此土属只划分为 1 个厚层耕种沟淤山地褐土土种（代号 124），主要分布在黄土镇下庄水库以上的河谷地带、下李乡的峨仙、梁家河以及沟谷中，面积 12 420 亩，占总土地面积的 0.59%。耕种沟淤山地褐土系由洪水携带的肥沃泥土，经人工打坝拦蓄淤泥或由洪水流至平缓处泥沙自然淤积而成，故而土壤肥沃，土体水分状况良好，是本县较为理想的农业土壤。但无霜期短，作物适种范围窄，应选种早熟品种。

典型剖面采自黄土镇大坪村砲儿沟南偏东 200 米，海拔高度为 1 515 米。

典型剖面描述如下：

0～16 厘米：灰褐色，轻壤，屑粒状结构，疏松，润，多根系，无石灰反应。

16～66 厘米：黄褐色，轻壤，块状结构，紧实，润，中量植物根，石灰反应微弱。

66～85 厘米：黄褐色，轻壤，块状结构，紧实，润，少量植物根，无石灰反应。

85～117 厘米：暗褐色，中壤，块状结构，紧实，润，少量植物根，无石灰反应。

117～150 厘米：暗褐色，中壤，块状结构，紧实，润，无石灰反应。

3. 褐土性土　褐土性土主要分布在本县丘陵、残垣、沟坡地带，海拔高度为 1 300 米以下，自然植被稀疏，以旱生草本、灌丛为主，主要生长有酸枣、铁秆蒿、狗尾草、灰条、刺菜、披碱草等。

该地区沟壑纵横，梁峁起伏，土地支离破碎，水土流失极为严重。由于侵蚀堆积频繁，剖面发育常处于幼年阶段，黏化作用弱，母质特征明显。一般土体深厚，土质疏松多孔，结持力弱，无明显的腐殖层，有机质含量低，土壤质地较轻，通体石灰反应强烈，心土层中有少量的丝状，点状的碳酸钙沉淀。

根据母质类型和耕作熟化程度，划分为：耕种黄土质褐土性土、黄土质褐土性土、红黄土质褐土性土、耕种沟淤褐土性土等 5 个土属。现分别论述：

（1）耕种黄土质褐土性土（黄土质褐土性土）：广泛分布于梁峁沟坡上，为黄土母质直接受人为影响熟化的土壤，是本县分布最广，面积最大的农业土壤，面积为 311 674 亩，占总土地面积的 14.62%。根据侵蚀程度和土体构型的不同，该土属划分 5 个土种：为轻壤耕种黄土质褐土性土、轻壤轻度侵蚀耕种黄土质褐土性土、轻壤中度侵蚀耕种黄土质褐土性土、轻壤重度侵蚀耕种黄土质褐土性土、轻壤轻度侵蚀深位厚红黄土层耕种黄土质褐土性土。

典型剖面采自午城镇西曹村南偏东 2 000 米，海拔高度为 1 050 米。

典型剖面描述如下：

0～20 厘米：浅灰褐色，轻壤，屑粒状结构，疏松，湿润，多植物根，少量虫粪。

20～62 厘米：灰褐色，轻壤，块状结构，疏松，湿润，中量植物根。

62～102 厘米：黄褐色，轻壤，块状结构，紧实，润，少量植物根。

102～150 厘米：浅黄褐色，轻壤，块状结构，紧实，润，少量植物根，通体石灰反应强烈。

①轻壤耕种黄土质褐土性土（代号 089）：分布在垣面较宽，地形较平的垣地，地面平整，田面加工较细，产量水平较高，面积为 147 503 亩，占总土地面积的 6.9%。

②轻壤轻度侵蚀耕种黄土质褐土性土（代号 093）：主要分布在梁峁之上，地形缓平，有轻度侵蚀，以面蚀为主，面积为 104 857 亩，占总土地面积的 4.9%。

③轻壤中度侵蚀耕种黄土质褐土性土（代号 093）：主要分布在沟坡上，及坡度较大的梁、峁地上，土壤侵蚀严重，面积为 52 571 亩，占总土地面积的 2.5%。

④轻壤重度侵蚀耕种黄土质褐土性土（代号 093）：分布在沟坡上，土壤侵蚀极为严重，坡度大于 250，成为"挂坡地"，面积为 2 956 亩，占总土地面积的 0.14%，此类土壤全部退耕。

⑤轻壤轻度侵蚀深位厚红黄土层耕种黄土质褐土性土（代号093）：主要分布在城南乡的蓬门村、路家峪村的垣坡地带，表层质地轻壤，距表层30～50厘米以下出现红黄土层，质地为中壤，棕褐色，具有保肥保墒等特点，面积为3 787亩，占总土地面积的0.18%。

（2）黄土质褐土性土（黄土质褐土性土）：该土种发育在第四纪马兰黄土母质上，由于坡度大，地块碎，水蚀严重，有深度不等的切沟，故而成土作用弱。剖面无明显的发育层次，地下水位深，土体干旱，地面覆盖极差，除较矮小的旱生草本植被，如酸枣、白羊草、青蒿等。土壤疏松多孔，多为轻壤、中壤，剖面颜色为灰黄或黄褐色，碎块状结构，微碱性反应。

典型剖面描述如下：

典型剖面位置：典型剖面采自阳头升乡西上庄村，距马家圪塔北偏西1 500米处，海拔为1 280米。

0～10厘米：灰褐色，中壤，屑粒状结构，疏松，湿润，多植物根。

10～54厘米：浅灰褐色，中壤，碎块结构，紧实，湿润，多植物根。

54～100厘米：灰黄褐色，中壤，块状结构，紧实，润，中量植物根系。

100～150厘米：黄褐色，中壤，块状结构，紧实，润，有少量植物根系。

通体石灰反应强烈。根据侵蚀程度，本土属分轻壤黄土质褐土性土、轻壤轻度侵蚀黄土质褐土性土、中壤中度侵蚀黄土质褐土性土、中壤重度侵蚀黄土质褐土性土4个土种。

①轻壤黄土质褐土性土（代号90）：轻壤黄土质褐土性土分布在坡度小于5°的荒平地，面积只有1 365亩，占总土地面积的0.06%。此种土壤自然植被覆盖较好，很少侵蚀，但由于距村庄较远，不便耕作，而成为自然休耕地。

②轻壤轻度侵蚀黄土质褐土性土（代号90）：广泛分布在荒坡地带，海拔较高，上接山地褐土，自然植被较其他褐土性土为好，覆盖率为70%左右。剖面上下一致，质地轻壤，无明显发育层次，面积119 337亩，占总土地面积的5.62%。

③中壤中度侵蚀黄土质褐土性土（代号90）：分布在荒坡沟壑地带，自然植被覆盖差，地势较陡，土壤流失严重。面积918 396亩，占总土地面积的43.36%。此种土壤严禁开垦种植，应植树造林或种草，增加地面覆盖，防治水土流失。

④中壤重度侵蚀黄土质褐土性土（代号90）：此种土壤主要分布在沟壑地带，沟深坡陡，坡度大于25°，自然植被覆盖极差，水土流失剧烈，以崩塌和沟蚀为主。面积为83 225亩，占总土地面积的3.6%。

（3）红黄土质褐土性土（红黄土质褐土性土）：此种土壤主要分布在下李乡冯家村、峨仙村，城南乡留城村一带的大小沟壑中，面积30 347亩，占总土地面积的1.43%。该土种发育在离石黄土母质上，土层黏重，植被覆盖较差，水土流失严重。此土属只划分为1个土种，即重壤中度侵蚀红黄土质褐土性土。

典型剖面描述如下：

典型剖面位置：典型剖面采自城南乡留城村，距前留城北偏东500米处，海拔1 100米。

0～16厘米：棕色，重壤，屑粒状结构，疏松，干中量植物根。

16～69厘米：棕色，重壤，块状结构，紧实，润，少植物根。

69～102厘米：红褐色，重壤，块状结构，紧实，润，少植物根。

102～150厘米：红褐色，重壤，棱块状，坚实，润，少量植物根。

（4）耕种沟淤褐土性土（沟淤褐土性土）：此种土壤是由洪水淤积而成。由于洪水流经之处，山间坡地表土已风化成熟土，洪水携带丰富的枯枝落叶、羊粪和矿物质养分等，遇障碍流速减低，沉积复于地表，即成此土。因此，此类土壤自然肥力较高，透水透气良好，耐旱涝，土体湿润，土质疏松，表层质地轻壤或中壤。全剖面发育层次不明显，石灰反应强烈。易耕作，好捉苗，发小苗。有的沟淤土壤质地较黏，耐旱有后劲，是当地群众的主要粮食产地。一般适合种植玉米、高粱等大秋作物。

典型剖面描述如下：

典型剖面位置：典型剖面采自阳头升乡下崖底村，距寨子河北偏西375米处，海拔为1 000米。

0～16厘米：灰褐色，中壤，屑粒状结构，湿润，多植物根。

16～32厘米：黄褐色，轻偏中，块状结构，紧实，湿润，中量植物根。

32～65厘米：黄褐色，中壤，块状结构，紧实，湿润，中量植物根。

65～96厘米：浅黄褐色，轻壤，块状，紧实，少量植物根，少砾石。

96～115厘米：浅黄褐色，中壤，块状，紧实，湿润，少量植物根，少砾石。

以上土层石灰反应强烈，115厘米以下出现砾石层。

因为母质来源不同，表层质地有轻壤、中壤之别，土层厚薄也不一。据此将沟淤褐土性土划分为轻壤耕种沟淤褐土性土、轻壤深位厚砾石层耕种沟淤褐土性土、中壤耕种沟淤褐土性土、中壤深位厚砾石层耕种沟淤褐土性土4个土种。

①轻壤耕种沟淤褐土性土（代号124）：主要分布在城南乡的蓬门村、阳头升乡的刁家峪川、下李乡的任家沟等处，面积为10 860亩，占总土地面积的0.51％。母质主要是黄土的洪积物，质地为轻壤，好耕易种。

②轻壤深位厚砾石层耕种沟淤褐土性土（代号126）：主要分布在城南乡的坊底村、杜家塔，下李乡的冯家沟川地，面积6 719亩，占总土地面积的0.32％。此土种也是由黄土冲刷淤积而成，土质疏松，表层质地为轻壤，但土层浅薄，在60～80厘米出现砾石层，对水肥有一定影响。

③中壤耕种沟淤褐土性土（代号124）：主要分布在阳头升乡的下崖底、岢岚金一带，面积7 216亩，占总土地面积的0.34％。母质来源比较复杂，其中有很大部分来源于红黄土的洪积物，因而表层质地为中壤，耕性较差，不发小苗，早春地湿阴冷，不宜种麦类。

④中壤深位厚砾石层耕种沟淤褐土性土（代号126）：主要分布在下李乡的后峪、阳头升乡的王家沟、史家塔等沟川地上，面积10 078亩，占总土地面积的0.47％。表层质地为中壤，耕性较差，剖面1米左右出现砾石层，漏水漏肥。

4. 碳酸盐褐土　碳酸盐褐土是本县的地带性土壤，分布在七大垣和两川的二级阶地上。本县属温带大陆性季风气候区，四季变化分明，冬季寒冷干燥，春季干旱多风，夏季气温高，雨量集中，秋季常有短时的连阴天气，冷热季和干湿季十分明显，高温高湿同时出现。在高温高湿气候影响下，土壤有一定的淋溶作用，碳酸钙在心土和底土中淀积，呈点状、糯状或假菌丝状，黏粒也向下淋溶到一定深度淀积。但淋洗很不充分，全剖面通体有强烈石灰反应，这与母质富含石灰也有很大关系。表层土壤虽然水热条件变化剧烈，但下层土壤水热状况则较为适宜土壤矿物的化学风化过程，因而黏化层的形成，既有淋溶的影响，又有残积黏化的作用。

根据成土母质的不同，碳酸盐褐土亚类分为 3 个土属。

（1）耕种黄土质碳酸盐褐土（黄土质石灰性褐土）：此土属分布在地面宽阔，地势平坦的垣上，主要分布在无愚垣、乔村垣、北庄垣、陡坡垣、唐户垣、后堰垣、阳头升垣 7 个较大垣面上。俗称"二色土"，表层质地轻壤，一般在 40～60 厘米处有一层颜色较深、质地较黏的土层，心土或底土中有点状或糯状或菌丝状的碳酸钙淀积，通体石灰反应强烈。土体构型上松下紧，好耕易种，且有保水保肥的特性，生产条件优势，是隰县理想的旱作土壤。同时由于垣高沟深，地下水位深，土体干燥，因而肥和水是当前农业生产中的两个主要障碍因子。

典型剖面描述如下：

典型剖面位置：典型剖面采自阳头升乡千通村，距西古乡村北偏东 750 米处，位于垣面上，海拔为 1 110 米。

0～17 厘米：灰褐色，轻壤，屑粒状结构，疏松，湿润，多植物根。

17～51 厘米：浅灰褐色，轻壤，块状结构，稍紧，湿润，中量植物根。

51～89 厘米：暗褐色，中壤，块状结构，紧实，润，中量植物根。

89～126 厘米：暗褐色，中壤，块状结构，紧实，润，少量植物根，多量霜状碳酸钙淀积。

126～150 厘米：浅黄褐色，中壤，块状结构，紧实，润，少量植物根，中量霜状碳酸钙淀积。

通体石灰反应强烈。根据黏化程度的强弱，黏化层出现的部位及其厚度，本亚类划分为七个土种：

①轻壤浅位中层黏化耕种黄土质黄土碳酸盐褐土（代号 27）（浅黏垣黄壤土）：面积为 6 634 亩，占第二次土壤普查面积的 0.31%。

②轻壤浅位厚层黏化耕种黄土质碳酸盐褐土（代号 27）（浅黏垣黄壤土）：面积为 42 205 亩，占第二次土壤普查面积的 1.99%。

③轻壤深位中层黏化耕种黄土质碳酸盐褐土（代号 26）（深黏垣黄壤土）：面积为 15 563 亩，占第二次土壤普查面积的 0.73%。

④轻壤深位厚层黏化耕种黄土质碳酸盐褐土（代号 26）（深黏垣黄壤土）：面积为 27 102 亩，占第二次土壤普查面积的 1.28%。

⑤轻壤浅位中黏化层耕种黄土质碳酸盐褐土（代号 27）（浅黏垣黄壤土）：面积为 829 亩，占第二次土壤普查面积的 0.04%。

⑥轻壤浅位厚黏化层耕种黄土质碳酸盐褐土（代号 27）（浅黏垣黄壤土）：面积为 3 530 亩，占第二次土壤普查面积的 0.17%。

⑦轻壤深位中黏化层耕种黄土质碳酸盐褐土（代号 26）（深黏垣黄壤土）：面积为 2 113 亩，占第二次土壤普查面积的 0.1%。

耕种黄土质碳酸盐褐土的改良利用，应注意平整田面，增施肥料，合理轮作倒茬，提高地力；多犁细耙，精耕细作，蓄水保墒，浅位出现黏化层的地块，特别是黏化层出露于地表，则应逐年深翻，增施有机肥，加厚活土层。

（2）耕种洪积碳酸盐褐土（洪积石灰性褐土）：主要分布在东川河、城川河两岸的二级阶地上，沿河呈长条状分布，所处地形低平，侵蚀轻微，且不受地下水影响。成土母质为红黄土、黄土以及山上岩石风化物的洪积—冲积物，由于淤积母质类型不同，历次淤积时水量、流速不等，使土壤质地、颜色、土体构型有所差异，故土层厚薄不一，沉积层次明显。土壤肥力为中上等，是良好的农业土壤。

根据土层厚薄和土体构型，此土属划分为 2 个土种：

①中壤耕种洪积碳酸盐褐土（代号 38）（洪积石灰性褐土）：表层质地中壤，当地群众成为"垆土"，面积为 15 648 亩，占第二次土壤普查面积的 0.74%。

②中壤深位厚砾石层耕种洪积碳酸盐褐土（代号 40）（洪积石灰性褐土）：50 厘米以下出现沙砾石层，当地俗称"薄垆土"，面积为 12 251 亩，占第二次土壤普查面积的 0.58%。

典型剖面描述如下：

典型剖面位置：典型剖面采自城南乡七里脚村，城川河旁，距七里脚村正北 500 米处，土壤名称：中壤深位厚砾石层耕种洪积碳酸盐褐土。

0～16 厘米：灰褐色，中壤，屑粒状结构，疏松，湿润，多植物根。

16～35 厘米：棕褐色，中壤，碎状结构，紧实，润，中量植物根。

35～57 厘米：暗黄褐，轻偏沙，碎块状结构，疏松，湿，少量植物根。

以上各层石灰反应强烈，57 厘米以下为砾石层。

（3）耕种黄土状碳酸盐褐土（黄土状石灰性褐土）：主要分布在城南乡五里后村，午城镇附近的城川河两岸的二级阶地上。此类土壤是在黄土的洪积—冲积物上发育的，上下质地较为均匀，土性绵软。由于地势低平，在季节性降雨淋溶作用下，土体中下部有弱黏化现象，和多量的点状碳酸钙沉积。土地有灌溉之便，施肥水平较高，土壤肥力是各类耕种土壤中较高的，种植指数较高，有的地方为一年两熟。

典型剖面描述如下：

典型剖面位置：典型剖面采自午城镇午城村，距午城镇南偏西 300 米处，海拔为 760 米，二级阶地上，利用方式一年两作，种植小麦、玉米等作物，产量可达 500 千克以上。

0～16 厘米：灰褐色，中壤，屑粒状结构，疏松，润，多植物根。

16～55 厘米：浅灰褐色，中壤，块状结构，紧实，润，中量植物根。

55～101 厘米：黄褐色，中壤，块状结构，紧实，润，少量植物根。

101～150 厘米浅黄褐色，中壤，块状结构，紧实，润，少量植物根，少量点状碳酸钙沉积。

通体石灰反应强烈。

根据土层厚薄，改土属分为 2 个土种：

①中壤深位厚黏化层耕种黄土状碳酸盐褐土（代号 30）（黄土状石灰性褐土）：土体深厚，在 50 厘米以下出现黏化层，剖面发育层次清楚。面积为 15 263 亩，占第二次土壤

普查面积的 0.72%。

②中壤深位厚砾石层耕种黄土状碳酸盐褐土（代号 30）（黄土状石灰性褐土）：上层为黄土状母质，深位则出现砾石层，由于土层较薄，剖面发育层次不明显。面积为 6 252亩，占第二次土壤普查面积的 0.29%。

（二）棕壤土（灰泥质棕壤）

该土类只有山地棕壤 1 个亚类，山地棕壤分布在海拔为 1 800～1 850 米的紫荆山一带山地区，其下限与山地淋溶褐土相连。

山地棕壤所在之地，地势高亢，气候冷凉，封冻期在 7 个月以上，年降水量 700 毫米以上。自然植被生长茂密，乔木以柞、桦、油松、山杨占优势；灌木以醋柳、黄刺玫、胡枝之为主；草被以羊胡子草、苔藓为主。林灌草密集，覆盖度在 95% 以上，由于光照不足，冬季冰冻寒冷，枯枝落叶分解缓慢，形成较厚的枯枝落叶层。夏季高温多雨，土体又长期保持相当水分，因而淋溶充分，土壤剖面通体无石灰反应。

根据母质不同，本亚类分为 2 个土属，即灰岩质山地棕壤和黄土质山地棕壤。

1. 灰岩质山地棕壤（代号 5）（灰泥质淋土）　该土属只划分为中层灰岩质山地棕壤 1个土种，面积为 15 769 亩，占总普查面积的 0.74%。主要分布在上天山、艾和岩山地顶部，土层较薄，仅为 40～70 厘米，植被覆盖率为 95% 以上，表层有大约 10 厘米的腐殖质层，土质较肥沃，表层有机质含量为 3%～6%，质地为轻壤。

典型剖面描述如下：

典型剖面位置：典型剖面采自上天山庙前，海拔为 1 950 米。

0～2 厘米：半分解枯枝落叶层。

2～16 厘米：褐色，团粒结构，轻壤，多根系。

16～46 厘米：褐色，轻壤，屑粒结构，中量植物根，通体无石灰反应。

46 厘米以下为灰岩的半风化物。

2. 黄土质山地棕壤（代号 5）（灰泥质淋土）　该土属只划分厚层黄土质山地棕壤一个土种。面积很小，仅有 203 亩，分布也极其零星，散布在灰岩质山地棕壤之中，为天然林地。

典型剖面描述如下：

典型剖面位置：典型剖面采自黄土镇与下李乡交界处的山顶上，在公路旁，海拔为 1 825米，母质为黄土质，近山顶阴坡。

0～4 厘米：半分解枯枝落叶层。

4～13 厘米：黑褐色，轻壤质，团粒结构，多根系，有蚯蚓粪，有少量真菌丝体。

13～30 厘米：黑褐色，中壤质，团粒结构，多植物根，有蚯蚓粪，有多量真菌丝体。

30～59 厘米：黄褐色，轻壤，棱块结构，紧实，有中量植物根。

59～100 厘米：棕褐色，中壤，粒状结构，紧实，有多量黏粒胶膜。

通体石灰反应。

归纳起来，山地棕壤具有以下特征：

①表层有较厚未分解、半分解的枯枝落叶层，厚度为 2～10 厘米，其下为黑褐色的腐殖质层。

②土层厚度随母质不同而有区别，发育在黄土母质上的土层较厚，可达 1 米以上，而

发育在灰岩风化物上的剖面则土层浅薄，为 40～70 厘米，且多夹砾石。

③剖面下部有淀积层，黏粒淀积或黏化层，＜0.001 粒级含量与上层相比，高出 3.5～4.5 倍，结构面上有褐色胶膜。若土层浅薄，则看不到此层。

④全剖面无石灰反应，pH 为 6.5～7.7，土壤反应为中性至微酸性，有真菌丝体。

⑤该亚类土壤，土体潮湿，土性冷，腐殖质层厚，现多为林地，应以护林、抚育幼林为主。

（三）草甸土（黄土状石灰性褐土）

该土类只有浅色草甸土 1 个亚类。该土种主要分布于本县城川河和东川河的一级阶地和高河漫滩处，呈零星分布。浅色草甸土地下水位较高，一般为 1.5～3 米，也有个别地方呈季节性积水现象。因而在成土过程中，受地下水影响较大，特别是其水分状况受地下水位和毛管水的影响极大，在季节性干旱和降水的影响下，水位上移，使心土、底土处于氧化还原交替进行的过程中。所以，在心土或底土层常有铁锰锈纹锈斑出现。

其母质多系近代河流冲积物，土层厚度不等，底部均为卵、沙、砾石层，土体有明显的冲积层次，成土过程尚属幼年阶段。

只划分耕种浅色草甸土 1 个土属，也只划分 1 个土种，即轻壤底砾耕种浅色草甸土（代号 30）（深黏黄壤土）。面积 727 亩，占第二次土壤普查面积的 0.03％。

典型剖面描述如下：

典型剖面位置：典型剖面采自下李乡长寿村，距长寿村南偏东 500 米处，海拔为 1 070米，自然植被有喜湿性的芦苇、马唐、狗尾草、旋花等。

0～21 厘米：黄褐色，轻偏沙，屑粒状结构，疏松，润，多量植物根。

21～64 厘米：棕褐色，中壤，块状结构，紧实，湿润，少量植物根。

104 厘米以下为砾石层，通体石灰反应强烈。

此类土壤土层浅薄，漏水漏肥现象严重，土中多夹有石块，对耕作影响很大。今后改良利用，主要应打坝引洪淤地，加厚土层；施肥时应注意少量多次，减少肥效损失。

第二节 有机质及大量元素

土壤大量元素背景值的表达方式以各统计单元养分汇总结果的算术平均值和标准差来表示，分别以单体 N、P、K 表示。单位：有机质、全氮用克/千克表示，有效磷、速效钾、缓效钾用毫克/千克表示。

土壤有机质、全氮、有效磷、速效钾等以《山西省耕地土壤养分含量分级参数表》为标准各分 6 个级别，见表 3-4。

表 3-4 山西省耕地地力土壤养分耕地标准

级　别	I	II	III	IV	V	VI
有机质（克/千克）	＞25.00	20.01～25.00	15.01～20.00	10.01～15.00	5.01～10.00	≤5.00
全氮（克/千克）	＞1.50	1.201～1.500	1.001～1.200	0.701～1.000	0.501～0.700	≤0.50
有效磷（毫克/千克）	＞25.00	20.01～25.00	15.1～20.00	10.10～15.00	5.10～10.00	≤5.00

（续）

级　别	I	II	III	IV	V	VI
速效钾（毫克/千克）	＞250	201～250	151～200	101～150	51～100	≤50
缓效钾（毫克/千克）	＞1 200	901～1 200	601～900	351～600	151～350	≤150
阳离子代换量（厘摩尔/千克）	＞20.00	15.01～20.00	12.01～15.00	10.01～12.00	8.01～10.00	≤8.00
有效铜（毫克/千克）	＞2.00	1.51～2.00	1.01～1.51	0.51～1.00	0.21～0.50	≤0.20
有效锰（毫克/千克）	＞30.00	20.01～30.00	15.01～20.00	5.01～15.00	1.01～5.00	≤1.00
有效锌（毫克/千克）	＞3.00	1.51～3.00	1.01～1.50	0.51～1.00	0.31～0.50	≤0.30
有效铁（毫克/千克）	＞15.00	15.01～15.00	10.01～15.00	5.01～10.00	2.51～5.00	≤2.50
有效硼（毫克/千克）	＞2.00	1.51～2.00	1.01～1.50	0.51～1.00	0.21～0.50	≤0.20
有效硫（毫克/千克）	＞200.00	100.10～200	50.10～100.00	25.10～50.00	12.10～25.00	≤12.00

一、含量与分布

1. 有机质　隰县耕地土壤有机质含量变化范围为 5.7～23.4 克/千克，平均值为 11.7 克/千克。

（1）不同行政区域：陡坡乡有机质平均值为 11.5 克/千克，含量变化范围为 5.7～14.3 克/千克；黄土镇有机质平均值为 12.9 克/千克，含量变化范围为 8.0～23.4 克/千克；龙泉镇有机质平均值为 11.8 克/千克，含量变化范围为 7.3～16.3 克/千克；午城镇有机质平均值为 10.8 克/千克，含量变化范围为 7.0～21.5 克/千克；下李乡有机质平均值为 12.3 克/千克，含量变化范围为 7.7～20.9 克/千克；阳头升乡有机质平均值为 11.3 克/千克，含量变化范围为 8.6～18.7 克/千克；寨子乡有机质平均值为 11.4 克/千克，含量变化范围为 8.6～15.7 克/千克；城南乡有机质平均值为 11.5 克/千克，含量变化范围为 7.3～18.3 克/千克；吕梁山国有林业管理局有机质平均值为 13.0 克/千克，含量变化范围为 10.3～18.0 克/千克。

（2）不同地形部位：黄土垣、梁、峁、坡有机质平均值为 11.5 克/千克，含量变化范围为 9.6～17.7 克/千克；中低山顶部有机质平均值为 11.6 克/千克，含量变化范围为 5.7～23.4 克/千克；黄土台垣区有机质平均值为 11.5 克/千克，含量变化范围为 7.3～18.3 克/千克；河川谷地有机质平均值为 11.8 克/千克，含量变化范围为 6.3～20.9 克/千克。

（3）不同土壤类型：红黄土质褐土性土有机质平均值为 12.5 克/千克，含量变化范围为 8.0～20.9 克/千克；洪积石灰性褐土有机质平均值为 11.9 克/千克，含量变化范围为 7.3～22.1 克/千克；黄土质褐土性土有机质平均值为 11.6 克/千克，含量变化范围为 5.7～22.1 克/千克；黄土质石灰性褐土有机质平均值为 11.4 克/千克，含量变化范围为 7.3～15.7 克/千克；沟淤褐土性土有机质平均值为 12.3 克/千克，含量变化范围为 9.3～18.6 克/千克。

2. 全氮　全县土壤全氮含量变化范围为 0.42～1.43 克/千克，平均值为 0.87 克/

千克。

（1）不同行政区域：陡坡乡全氮平均值为 0.85 克/千克，含量变化范围为 0.53～0.98 克/千克；黄土镇全氮平均值为 0.81 克/千克，含量变化范围为 0.45～1.13 克/千克；龙泉镇全氮平均值为 0.85 克/千克，含量变化范围为 0.60～1.03 克/千克；午城镇全氮平均值为 0.84 克/千克，含量变化范围为 0.58～1.00 克/千克；下李乡全氮平均值为 0.81 克/千克，含量变化范围为 0.53～1.02 克/千克；阳头升乡全氮平均值为 0.86 克/千克，含量变化范围为 0.58～1.03 克/千克；寨子乡全氮平均值为 0.95 克/千克，含量变化范围为 0.42～1.43 克/千克；城南乡全氮平均值为 0.95 克/千克，含量变化范围为 0.55～1.30 克/千克；吕梁山国有林业管理局全氮平均值为 0.87 克/千克，含量变化范围为 0.50～0.99 克/千克。

（2）不同地形部位：黄土垣、梁、峁、坡全氮平均值为 0.84 克/千克，含量变化范围为 0.68～0.91 克/千克；中低山顶部全氮平均值为 0.88 克/千克，含量变化范围为 0.58～1.26 克/千克；黄土台垣区全氮平均值为 0.88 克/千克，含量变化范围为 0.42～1.43 克/千克；河川谷地全氮平均值为 0.86 克/千克，含量变化范围为 0.53～1.24 克/千克。

（3）不同土壤类型（主要土属）：红黄土质褐土性土全氮平均值为 0.77 克/千克，含量变化范围为 0.53～1.08 克/千克；洪积石灰性褐土全氮平均值为 0.90 克/千克，含量变化范围为 0.55～1.24 克/千克；黄土质褐土性土全氮平均值为 0.87 克/千克，含量变化范围为 0.42～1.37 克/千克；黄土质石灰性褐土全氮平均值为 0.88 克/千克，含量变化范围为 0.45～1.43 克/千克；沟淤褐土性土全氮平均值为 0.84 克/千克，含量变化范围为 0.57～1.16 克/千克。

3. 有效磷　全县有效磷含量变化范围为 3.1～23.4 毫克/千克，平均值为 8.6 毫克/千克。

（1）不同行政区域：陡坡乡有效磷平均值为 8.8 毫克/千克，含量变化范围为 4.2～14.4 毫克/千克；黄土镇有效磷平均值为 9.5 毫克/千克，含量变化范围为 3.9～20.4 毫克/千克；龙泉镇有效磷平均值为 9.5 毫克/千克，含量变化范围为 4.7～18.1 毫克/千克；午城镇有效磷平均值为 7.6 毫克/千克，含量变化范围为 3.1～19.4 毫克/千克；下李乡有效磷平均值为 8.3 毫克/千克，含量变化范围为 3.7～19.7 毫克/千克；阳头升乡有效磷平均值为 7.1 毫克/千克，含量变化范围为 3.4～18.7 毫克/千克；寨子乡有效磷平均值为 9.2 毫克/千克，含量变化范围为 4.5～22.4 毫克/千克；城南乡有效磷平均值为 9.2 毫克/千克，含量变化范围为 3.9～23.4 毫克/千克；吕梁山国有林业管理局有效磷平均值为 9.6 毫克/千克，含量变化范围为 5.1～16.4 毫克/千克。

（2）不同地形部位：黄土垣、梁、峁、坡有效磷平均值为 5.9 毫克/千克，含量变化范围为 3.1～9.7 毫克/千克；中低山顶部有效磷平均值为 8.3 毫克/千克，含量变化范围为 3.4～23.4 毫克/千克；黄土台垣区有效磷平均值为 8.3 毫克/千克，含量变化范围为 3.4～22.4 毫克/千克；河川谷地有效磷平均值为 9.0 毫克/千克，含量变化范围为 3.9～20.4 毫克/千克。

（3）不同土壤类型（主要土属）：红黄土质褐土性土有效磷平均值为 8.5 毫克/千克，含量变化范围为 4.5～19.7 毫克/千克；洪积石灰性褐土有效磷平均值为 10.3 毫克/千克，含量变化范围为 5.1～20.4 毫克/千克；黄土质褐土性土有效磷平均值为 8.5 毫克/千克，含量变化范围为 3.1～23.4 毫克/千克；黄土质石灰性褐土有效磷平均值为 8.1 毫克/千克，含量变化范围为 3.4～21.4 毫克/千克；沟淤褐土性土有效磷平均值为 8.7 毫克/千克，含量变化范围为 4.5～18.7 毫克/千克。

4. 速效钾 全县土壤速效钾含量变化范围为 72～294 毫克/千克，平均值 143 毫克/千克。

（1）不同行政区域：陡坡乡速效钾平均值为 123 毫克/千克，含量变化范围为 82～234 毫克/千克；黄土镇速效钾平均值为 158 毫克/千克，含量变化范围为 95～294 毫克/千克；龙泉镇速效钾平均值为 149 毫克/千克，含量变化范围为 82～234 毫克/千克；午城镇速效钾平均值为 116 毫克/千克，含量变化范围为 72～193 毫克/千克；下李乡速效钾平均值为 173 毫克/千克，含量变化范围为 90～283 毫克/千克；阳头升乡速效钾平均值为 137 毫克/千克，含量变化范围为 90～240 毫克/千克；寨子乡速效钾平均值为 128 毫克/千克，含量变化范围为 87～221 毫克/千克；城南乡速效钾平均值为 155 毫克/千克，含量变化范围为 82～294 毫克/千克；吕梁山国有林业管理局速效钾平均值为 136 毫克/千克，含量变化范围为 95～240 毫克/千克。

（2）不同地形部位：黄土垣、梁、峁、坡速效钾平均值为 122 毫克/千克，含量变化范围为 90～174 毫克/千克；中低山顶部速效钾平均值为 137 毫克/千克，含量变化范围为 72～294 毫克/千克；黄土台垣区速效钾平均值为 130 毫克/千克，含量变化范围为 77～237 毫克/千克；河川谷地速效钾平均值为 158 毫克/千克，含量变化范围为 77～294 毫克/千克。

（3）不同土壤类型（主要土属）：红黄土质褐土性土速效钾平均值为 190 毫克/千克，含量变化范围为 111～278 毫克/千克；洪积石灰性褐土速效钾平均值为 155 毫克/千克，含量变化范围为 108～294 毫克/千克；黄土质褐土性土速效钾平均值为 140 毫克/千克，含量变化范围为 72～294 毫克/千克；黄土质石灰性褐土速效钾平均值为 133 毫克/千克，含量变化范围为 82～273 毫克/千克；沟淤褐土性土速效钾平均值为 165 毫克/千克，含量变化范围为 100～247 毫克/千克。

5. 缓效钾 全县土壤缓效钾变化范围 641～1 164 毫克/千克，平均值为 887 毫克/千克。

（1）不同行政区域：陡坡乡缓效钾平均值为 923 毫克/千克，含量变化范围为 741～989 毫克/千克；黄土镇缓效钾平均值为 874 毫克/千克，含量变化范围为 641～1 164 毫克/千克；龙泉镇缓效钾平均值为 891 毫克/千克，含量变化范围为 780～1 041 毫克/千克；午城镇缓效钾平均值为 862 毫克/千克，含量变化范围为 721～1 006 毫克/千克；下李乡缓效钾平均值为 866 毫克/千克，含量变化范围为 721～1 076 毫克/千克；阳头升乡缓效钾平均值为 905 毫克/千克，含量变化范围为 741～1 094 毫克/千克；寨子乡缓效钾平均值为 881 毫克/千克，含量变化范围为 701～1 076 毫克/千克；城南乡缓效钾平均值为 898 毫克/千克，含量变化范围为 641～1 111 毫克/千克；吕梁山国有林业管理局缓效钾平均值为 886 毫克/千克，含量变化范围为 760～1 146 毫克/千克。

（2）不同地形部位：黄土垣、梁、峁、坡缓效钾平均值为 876 毫克/千克，含量变化范围为 800～954 毫克/千克；中低山顶部缓效钾平均值为 890 毫克/千克，含量变化范围

为 641～1 164 毫克/千克；黄土台垣区缓效钾平均值为 907 毫克/千克，含量变化范围为
741～1 076 毫克/千克；河川谷地缓效钾平均值为 867 毫克/千克，含量变化范围为 641～
1 146 毫克/千克。

（3）不同土壤类型（主要土属）：红黄土质褐土性土缓效钾平均值为 880 毫克/千克，
含量变化范围为 760～1 076 毫克/千克；洪积石灰性褐土缓效钾平均值为 848 毫克/千克，
含量变化范围为 641～989 毫克/千克；黄土质褐土性土缓效钾平均值为 886 毫克/千克，
含量变化范围为 641～1 111 毫克/千克；黄土质石灰性褐土缓效钾平均值为 896 毫克/千
克，含量变化范围为 641～1 059 毫克/千克；沟淤褐土性土缓效钾平均值为 899 毫克/千
克，含量变化范围为 741～1 164 毫克/千克。

隰县大田土壤大量元素分类统计结果具体见表 3-5。

表 3-5 隰县大田土壤大量元素分类统计结果

类别		有机质（克/千克）		全氮（克/千克）		有效磷（毫克/千克）		速效钾（毫克/千克）		缓效钾（毫克/千克）	
		平均值	区域值	平均值	区域值	平均值	区域值	平均值	区域值	平均值	区域值
行政区域	龙泉镇	11.80	7.30～16.30	0.85	0.60～1.03	9.50	4.70～18.10	149	82～234	891	780～1 041
	城南乡	11.50	7.30～18.30	0.95	0.55～1.30	9.20	3.90～23.40	155	82～294	898	641～1 111
	下李乡	12.30	7.70～20.90	0.81	0.53～1.02	8.30	3.70～19.70	173	90～283	866	721～1 076
	寨子乡	11.40	8.60～15.70	0.95	0.42～1.43	9.20	4.50～22.40	128	87～221	881	701～1 076
	黄土镇	12.90	8.00～23.40	0.81	0.45～1.13	9.50	3.90～20.40	158	95～294	874	641～1 164
	陡坡乡	11.50	5.70～14.30	0.85	0.53～0.98	8.80	4.20～14.40	123	82～234	923	741～989
	午城镇	10.80	7.00～21.50	0.84	0.58～1.00	7.60	3.10～19.40	116	72～193	862	721～1 006
	阳头升乡	11.30	8.60～18.70	0.86	0.58～1.03	7.10	3.40～18.70	137	90～240	905	741～1 094
	吕梁山国有林业管理局	13.00	10.30～18.00	0.87	0.50～0.99	9.60	5.10～16.40	136	95～240	886	760～1 146
土壤类型	红黄土质褐土性土	12.50	8.00～20.90	0.77	0.53～1.08	8.50	4.50～19.70	190	111～278	880	760～1 076
	洪积石灰性褐土	11.90	7.30～22.10	0.90	0.55～1.24	10.30	5.10～20.40	155	108～294	848	641～989
	黄土质褐土性土	11.60	5.70～22.10	0.87	0.42～1.37	8.50	3.10～23.40	140	72～294	886	641～1 111
	黄土质石灰性褐土	11.40	7.30～15.70	0.88	0.45～1.43	8.10	3.40～21.40	133	82～273	896	641～1 059
	沟淤褐土性土	12.30	9.30～18.60	0.84	0.57～1.16	8.70	4.50～18.70	165	100～247	899	741～1 164
地形部位	黄土垣、梁、峁、坡	11.50	9.60～17.70	0.84	0.68～0.91	5.90	3.10～9.70	122	90～174	876	800～954
	中低山顶部	11.60	5.70～23.40	0.88	0.58～1.26	8.30	3.40～23.40	137	72～294	890	641～1 164
	黄土台垣区	11.50	7.30～18.30	0.88	0.42～1.43	8.30	3.40～22.40	130	77～237	907	741～1 076
	河谷川地	11.80	6.30～20.90	0.86	0.53～1.24	9.00	3.90～20.40	108	77～294	867	641～1 146

二、分级论述

1. 有机质

Ⅰ级　有机质含量为 25.0 克/千克以上，全县无分布。

Ⅱ级　有机质含量为 20.01～25.0 克/千克，面积为 677.69 亩，占总耕地面积的 0.22%。

Ⅲ级　有机质含量为 15.01～20.0 克/千克，面积为 5 473.08 亩，占总耕地面积的 1.77%。

Ⅳ级　有机质含量为 10.01～15.0 克/千克，面积为 271 525.90 亩，占总耕地面积的 87.87%。

Ⅴ级　有机质含量为 5.01～10.1 克/千克，面积为 31 320.12 亩，占总耕地面积的 10.14%。

Ⅵ级　有机质含量为 5.0 克/千克以下，全县无分布。

2. 全氮

Ⅰ级　全氮含量大于 1.50 克/千克，全县无分布。

Ⅱ级　全氮含量为 1.201～1.50 克/千克，面积为 678.66 亩，占总耕地面积的 0.22%。

Ⅲ级　全氮含量为 1.001～1.20 克/千克，面积为 18 446.21 亩，占总耕地面积的 5.97%。

Ⅳ级　全氮含量为 0.701～1.000 克/千克，面积为 279 589.24 亩，占总耕地面积的 90.48%。

Ⅴ级　全氮含量为 0.501～0.70 克/千克，面积为 10 157.82 亩，占总耕地面积的 3.29%。

Ⅵ级　全氮含量小于 0.5 克/千克，面积为 124.86 亩，占总耕地面积的 0.04%。

3. 有效磷

Ⅰ级　有效磷含量大于 25.00 毫克/千克，全县无分布。

Ⅱ级　有效磷含量为 20.1～25.00 毫克/千克，面积为 530.73 亩，占总耕地面积的 0.17%。

Ⅲ级　有效磷含量为 15.1～20.1 毫克/千克，面积为 4 744.63 亩，占总耕地面积的 1.54%。

Ⅳ级　有效磷含量为 10.1～15.0 毫克/千克，面积为 69 044.55 亩，占总耕地面积的 22.34%。

Ⅴ级　有效磷含量为 5.1～10.0 毫克/千克，面积为 226 848.15 亩，占总耕地面积的 73.42%。

Ⅵ级　有效磷含量小于 5.0 毫克/千克，面积为 7 828.73 亩，占总耕地面积的 2.53%。

4. 速效钾

Ⅰ级　速效钾含量大于 250 毫克/千克，面积为 643.75 亩，占总耕地面积的 0.21%。

Ⅱ级　速效钾含量为 201～250 毫克/千克，面积为 13 638.3 亩，占总耕地面积的 4.41%。

Ⅲ级　速效钾含量为 151～200 毫克/千克，面积为 94 989.41 亩，占总耕地面积的 30.75%。

Ⅳ级　速效钾含量为 101～150 毫克/千克，面积为 187 174.21 亩，占总耕地面积的 60.57%。

Ⅴ级　速效钾含量为 51～100 毫克/千克，面积为 12 551.12 亩，占总耕地面积的 4.06%。

Ⅵ级　速效钾含量小于 50 毫克/千克，全县无分布。

5. 缓效钾

Ⅰ级　缓效钾含量大于 1 200 毫克/千克，全县无分布。

Ⅱ级　缓效钾含量为 901～1 200 毫克/千克，面积为 102 181.31 亩，占总耕地面积的 33.07%。

Ⅲ级　缓效钾含量为 601～900 毫克/千克，面积为 206 815.48 亩，占总耕地面积的 66.93%。

Ⅳ级　缓效钾含量为 351～600 毫克/千克，全县无分布。

Ⅴ级　缓效钾含量为 151～350 毫克/千克，全县无分布。

Ⅵ级　缓效钾含量小于等于 150 毫克/千克，全县无分布。

隰县耕地土壤大量元素分级面积见表 3-6。

表 3-6　隰县耕地土壤大量元素分级面积

类　别	Ⅰ		Ⅱ		Ⅲ		Ⅳ		Ⅴ		Ⅵ	
	百分比 (%)	面积 (亩)	百分比 (%)	面积 (亩)	百分比 (%)	面积 (亩)	百分比 (%)	面积 (亩)	百分比 (%)	面积 (亩)	百分比 (%)	面积 (亩)
有机质	0	0	0.22	678.66	1.77	5 473.08	87.87	271 525.90	10.14	31 320.12	0	0
全氮	0	0	0.22	678.66	5.97	18 446.21	90.48	279 589.24	3.29	10 157.82	0.04	124.86
有效磷	0	0	0.17	530.73	1.54	4 744.63	22.34	69 044.55	73.42	226 848.15	2.53	7 828.73
速效钾	0.21	643.75	4.41	13 638.3	30.75	94 989.41	60.57	12 551.12	4.06	12 551.12	0	0
缓效钾	0	0	33.07	102 181.31	66.93	206 815.48	0	0	0	0	0	0

第三节　耕地土壤中微量元素

中量元素背景值的表达方式以各统计单元养分汇总结果的算术平均值和标准差来表示。以单体 S（硫）表示，单位为毫克/千克。土壤有效硫、有效铜、有效锰、有效锌、有效铁、有效硼的分级以《山西省耕地土壤养分含量分级标准》为标准各分 6 个级别，见表 3-7。

表 3-7　山西省耕地土壤中微量元素养分分级标准

级别	I	II	III	IV	V	VI
有效硫（毫克/千克）	>200.00	100.10~200.00	50.10~100.00	25.10~50.00	12.10~25.00	≤12.00
有效铜（毫克/千克）	>2.00	1.51~2.00	1.01~1.51	0.51~1.00	0.21~0.50	≤0.20
有效锰（毫克/千克）	>30.00	20.01~30.00	15.01~20.00	5.01~15.00	1.01~5.00	≤1.00
有效锌（毫克/千克）	>3.00	1.51~3.00	1.01~1.50	0.51~1.00	0.31~0.50	≤0.30
有效铁（毫克/千克）	>20.00	15.01~20.00	10.01~15.00	5.01~10.00	2.51~5.00	≤2.50
有效硼（毫克/千克）	>2.00	1.51~2.00	1.01~1.50	0.51~1.00	0.21~0.50	≤0.20

一、含量与分布

1. 有效硫　全县土壤有效硫变化范围为 4.40~45.44 毫克/千克，平均值为 19.49 毫克/千克。

（1）不同行政区域：陡坡乡有效硫平均值为 18.85 毫克/千克，含量变化范围为 11.42~45.44 毫克/千克；黄土镇有效硫平均值为 19.42 毫克/千克，含量变化范围为 7.91~42.31 毫克/千克；龙泉镇有效硫平均值为 20.38 毫克/千克，含量变化范围为 6.74~36.05 毫克/千克；午城镇有效硫平均值为 19.73 毫克/千克，含量变化范围为 10.83~42.31 毫克/千克；下李乡有效硫平均值为 17.30 毫克/千克，含量变化范围为 4.40~42.31 毫克/千克；阳头升乡有效硫平均值为 19.31 毫克/千克，含量变化范围为 6.74~45.44 毫克/千克；寨子乡有效硫平均值为 20.68 毫克/千克，含量变化范围为 9.08~43.87 毫克/千克；城南乡有效硫平均值为 20.73 毫克/千克，含量变化范围为 5.57~42.31 毫克/千克；吕梁山国有林业管理局有效硫平均值为 16.44 毫克/千克，含量变化范围为 9.66~32.92 毫克/千克。

（2）不同地形部位：黄土垣、梁、峁、坡有效硫平均值为 17.45 毫克/千克，含量变化范围为 12.00~23.28 毫克/千克；中低山顶部有效硫平均值为 19.31 毫克/千克，含量变化范围为 6.74~42.31 毫克/千克；黄土台垣区有效硫平均值为 18.90 毫克/千克，含量变化范围为 6.15~42.31 毫克/千克；河川谷地有效硫平均值为 20.18 毫克/千克，含量变化范围为 4.40~45.44 毫克/千克。

（3）不同土壤类型（主要土属）：红黄土质褐土性土有效硫平均值为 16.36 毫克/千克，含量变化范围为 7.32~42.31 毫克/千克；洪积石灰性褐土有效硫平均值为 21.60 毫克/千克，含量变化范围为 10.83~40.75 毫克/千克；黄土质褐土性土有效硫平均值为 19.55 毫克/千克，含量变化范围为 4.40~45.44 毫克/千克；黄土质石灰性褐土有效硫平均值为 19.00 毫克/千克，含量变化范围为 6.74~40.75 毫克/千克；沟淤褐土性土有效硫平均值为 20.30 毫克/千克，含量变化范围为 8.49~45.44 毫克/千克。

2. 有效铜　全县土壤有效铜含量变化范围为 0.40~1.49 毫克/千克，平均值 0.75 毫克/千克。

（1）不同行政区域：陡坡乡有效铜平均值为 0.74 毫克/千克，含量变化范围为0.44～0.93 毫克/千克；黄土镇有效铜平均值为 0.78 毫克/千克，含量变化范围为 0.49～1.49 毫克/千克；龙泉镇有效铜平均值为 0.81 毫克/千克，含量变化范围为 0.40～1.27 毫克/千克；午城镇有效铜平均值为 0.74 毫克/千克，含量变化范围为 0.40～1.33 毫克/千克；下李乡有效铜平均值为 0.73 毫克/千克，含量变化范围为 0.47～1.23 毫克/千克；阳头升乡有效铜平均值为 0.73 毫克/千克，含量变化范围为 0.43～1.36 毫克/千克；寨子乡有效铜平均值为 0.80 毫克/千克，含量变化范围为 0.51～1.04 毫克/千克；城南乡有效铜平均值为 0.74 毫克/千克，含量变化范围为 0.47～1.14 毫克/千克；吕梁山国有林业管理局有效铜平均值为 0.76 毫克/千克，含量变化范围为 0.41～1.11 毫克/千克。

（2）不同地形部位：黄土垣、梁、峁、坡有效铜平均值为 0.89 毫克/千克，含量变化范围为 0.67～1.14 毫克/千克；中低山顶部有效铜平均值为 0.77 毫克/千克，含量变化范围为 0.40～1.49 毫克/千克；黄土台垣区有效铜平均值为 0.74 毫克/千克，含量变化范围为 0.40～1.36 毫克/千克；河川谷地有效铜平均值为 0.75 毫克/千克，含量变化范围为 0.40～1.27 毫克/千克。

（3）不同土壤类型（主要土属）：红黄土质褐土性土有效铜平均值为 0.73 毫克/千克，含量变化范围为 0.54～1.17 毫克/千克；洪积石灰性褐土有效铜平均值为 0.76 毫克/千克，含量变化范围为 0.41～1.33 毫克/千克；黄土质褐土性土有效铜平均值为 0.75 毫克/千克，含量变化范围为 0.40～1.36 毫克/千克；黄土质石灰性褐土有效铜平均值为 0.78 毫克/千克，含量变化范围为 0.46～1.23 毫克/千克；沟淤褐土性土有效铜平均值为 0.75 毫克/千克，含量变化范围为 0.43～1.23 毫克/千克。

3. 有效锌　全县土壤有效锌含量变化范围为 0.30～2.70 毫克/千克，平均值 0.79 毫克/千克。

（1）不同行政区域：陡坡乡有效锌平均值为 0.73 毫克/千克，含量变化范围为0.36～1.47 毫克/千克；黄土镇有效锌平均值为 1.04 毫克/千克，含量变化范围为 0.47～2.40 毫克/千克；龙泉镇有效锌平均值为 0.70 毫克/千克，含量变化范围为 0.36～2.11 毫克/千克；午城镇有效锌平均值为 0.63 毫克/千克，含量变化范围为 0.30～1.71 毫克/千克；下李乡有效锌平均值为 0.87 毫克/千克，含量变化范围为 0.36～2.70 毫克/千克；阳头升乡有效锌平均值为 0.74 毫克/千克，含量变化范围为 0.41～1.71 毫克/千克；寨子乡有效锌平均值为 0.98 毫克/千克，含量变化范围为 0.51～1.91 毫克/千克；城南乡有效锌平均值为 0.74 毫克/千克，含量变化范围为 0.40～2.11 毫克/千克；吕梁山国有林业管理局有效锌平均值为 0.81 毫克/千克，含量变化范围为 0.39～1.91 毫克/千克。

（2）不同地形部位：黄土垣、梁、峁、坡有效锌平均值为 0.73 毫克/千克，含量变化范围为 0.30～2.11 毫克/千克；中低山顶部有效锌平均值为 0.68 毫克/千克，含量变化范围为 0.44～0.97 毫克/千克；黄土台垣区有效锌平均值为 0.75 毫克/千克，含量变化范围为 0.30～2.11 毫克/千克；河川谷地有效锌平均值为 0.86 毫克/千克，含量变化范围为 0.30～2.70 毫克/千克。

（3）不同土壤类型（主要土属）：红黄土质褐土性土有效锌平均值为 0.62 毫克/千克，含量变化范围为 0.36～1.14 毫克/千克；洪积石灰性褐土有效锌平均值为 0.90 毫克/千克，含量变化范围为 0.35～2.40 毫克/千克；黄土质褐土性土有效锌平均值为 0.78 毫克/千克，含量变化范围为 0.30～2.70 毫克/千克；黄土质石灰性褐土有效锌平均值为 0.81 毫克/千克，含量变化范围为 0.36～2.40 毫克/千克；沟淤褐土性土有效锌平均值为 0.80 毫克/千克，含量变化范围为 0.36～2.11 毫克/千克。

4. 有效锰 全县土壤有效锰含量变化范围为 2.01～9.87 毫克/千克，平均值为 4.88 毫克/千克。

（1）不同行政区域：陡坡乡有效锰平均值为 5.14 毫克/千克，含量变化范围为 3.16～6.63 毫克/千克；黄土镇有效锰平均值为 4.57 毫克/千克，含量变化范围为 2.70～8.25 毫克/千克；龙泉镇有效锰平均值为 5.44 毫克/千克，含量变化范围为 2.70～9.87 毫克/千克；午城镇有效锰平均值为 4.37 毫克/千克，含量变化范围为 2.01～7.04 毫克/千克；下李乡有效锰平均值为 4.91 毫克/千克，含量变化范围为 2.24～7.44 毫克/千克；阳头升乡有效锰平均值为 5.19 毫克/千克，含量变化范围为 2.70～8.66 毫克/千克；寨子乡有效锰平均值为 4.99 毫克/千克，含量变化范围为 2.47～8.25 毫克/千克；城南乡有效锰平均值为 4.61 毫克/千克，含量变化范围为 2.70～7.44 毫克/千克。吕梁山国有林业管理局有效锰平均值为 5.23 毫克/千克，含量变化范围为 2.70～8.66 毫克/千克。

（2）不同地形部位：黄土垣、梁、峁、坡有效锰平均值为 4.82 毫克/千克，含量变化范围为 2.24～8.66 毫克/千克；中低山顶部有效锰平均值为 4.98 毫克/千克，含量变化范围为 3.62～6.23 毫克/千克；黄土台垣区有效锰平均值为 4.97 毫克/千克，含量变化范围为 2.47～9.87 毫克/千克；河川谷地有效锰平均值为 4.83 毫克/千克，含量变化范围为 2.01～9.06 毫克/千克。

（3）不同土壤类型（主要土属）：红黄土质褐土性土有效锰平均值为 5.02 毫克/千克，含量变化范围为 3.16～7.44 毫克/千克；洪积石灰性褐土有效锰平均值为 4.51 毫克/千克，含量变化范围为 2.24～7.44 毫克/千克；黄土质褐土性土有效锰平均值为 4.87 毫克/千克，含量变化范围为 2.01～9.87 毫克/千克；黄土质石灰性褐土有效锰平均值为 4.84 毫克/千克，含量变化范围为 2.24～8.66 毫克/千克；沟淤褐土性土有效锰平均值为 5.11 毫克/千克，含量变化范围为 2.70～8.25 毫克/千克。

5. 有效铁 全县土壤有效铁含量变化范围为 1.25～8.90 毫克/千克，平均值为 3.84 毫克/千克。

（1）不同行政区域：陡坡乡有效铁平均值为 4.27 毫克/千克，含量变化范围为 2.25～6.83 毫克/千克；黄土镇有效铁平均值为 4.50 毫克/千克，含量变化范围为 1.37～8.90 毫克/千克；龙泉镇有效铁平均值为 4.06 毫克/千克，含量变化范围为 1.87～8.13 毫克/千克；午城镇有效铁平均值为 3.32 毫克/千克，含量变化范围为 1.25～4.83 毫克/千克；下李乡有效铁平均值为 3.91 毫克/千克，含量变化范围为 1.62～6.83 毫克/千克；阳头升乡有效铁平均值为 3.45 毫克/千克，含量变化范围为 1.75～6.83 毫克/千克；寨子乡有效铁平均值为 3.88 毫克/千克，含量变化范围为 2.12～5.79 毫克/千克；城南乡有效铁平均值为 3.66 毫克/千克，含量变化范围为 1.75～5.79 毫克/千克。吕梁山国有林业管理局有效铁平均值为 5.17 毫克/千克，含量变化范围为 3.01～8.65 毫克/千克。

（2）不同地形部位：黄土垣、梁、峁、坡有效铁平均值为 4.08 毫克/千克，含量变化范围为 1.25～8.90 毫克/千克；中低山顶部有效铁平均值为 3.76 毫克/千克，含量变化范围为 2.68～4.34 毫克/千克；黄土台垣区有效铁平均值为 3.94 毫克/千克，含量变化范围为 1.87～6.83 毫克/千克；河川谷地有效铁平均值为 3.59 毫克/千克，含量变化范围为 1.37～8.65 毫克/千克。

（3）不同土壤类型（主要土属）：红黄土质褐土性土有效铁平均值为 3.56 毫克/千克，含量变化范围为 2.37～7.09 毫克/千克；洪积石灰性褐土有效铁平均值为 3.57 毫克/千克，含量变化范围为 1.37～6.05 毫克/千克；黄土质褐土性土有效铁平均值为 3.81 毫克/千克，含量变化范围为 1.25～8.90 毫克/千克；黄土质石灰性褐土有效铁平均值为 3.68 毫克/千克，含量变化范围为 1.75～6.05 毫克/千克；沟淤褐土性土有效铁平均值为 4.21 毫克/千克，含量变化范围为 1.62～8.90 毫克/千克。

6. 有效硼　全县土壤有效硼含量变化范围为 0.15～0.67 毫克/千克，平均值为 0.38 毫克/千克。

（1）不同行政区域：陡坡乡有效硼平均值为 0.42 毫克/千克，含量变化范围为 0.25～0.59 毫克/千克；黄土镇有效硼平均值为 0.41 毫克/千克，含量变化范围为 0.27～0.65 毫克/千克；龙泉镇有效硼平均值为 0.33 毫克/千克，含量变化范围为 0.17～0.61 毫克/千克；午城镇有效硼平均值为 0.35 毫克/千克，含量变化范围为 0.16～0.62 毫克/千克；下李乡有效硼平均值为 0.44 毫克/千克，含量变化范围为 0.27～0.62 毫克/千克；阳头升乡有效硼平均值为 0.41 毫克/千克，含量变化范围为 0.18～0.64 毫克/千克；寨子乡有效硼平均值为 0.37 毫克/千克，含量变化范围为 0.15～0.57 毫克/千克；城南乡有效硼平均值为 0.36 毫克/千克，含量变化范围为 0.15～0.63 毫克/千克；吕梁山国有林业管理局有效硼平均值为 0.43 毫克/千克，含量变化范围为 0.31～0.67 毫克/千克。

（2）不同地形部位：黄土垣、梁、峁、坡有效硼平均值为 0.37 毫克/千克，含量变化范围为 0.16～0.67 毫克/千克；中低山顶部有效硼平均值为 0.30 毫克/千克，含量变化范围为 0.17～0.40 毫克/千克；黄土台垣区有效硼平均值为 0.37 毫克/千克，含量变化范围为 0.15～0.64 毫克/千克；河川谷地有效硼平均值为 0.41 毫克/千克，含量变化范围为 0.19～0.67 毫克/千克。

（3）不同土壤类型（主要土属）：红黄土质褐土性土有效硼平均值为 0.44 毫克/千克，含量变化范围为 0.25～0.57 毫克/千克；洪积石灰性褐土有效硼平均值为 0.39 毫克/千克，含量变化范围为 0.16～0.61 毫克/千克；黄土质褐土性土有效硼平均值为 0.38 毫克/千克，含量变化范围为 0.15～0.64 毫克/千克；黄土质石灰性褐土有效硼平均值为 0.36 毫克/千克，含量变化范围为 0.16～0.63 毫克/千克；沟淤褐土性土有效硼平均值为 0.42 毫克/千克，含量变化范围为 0.21～0.67 毫克/千克。

隰县中微量元素分类统计结果具体见表 3-8。

表3-8　隰县中微量元素分类统计结果表

单位：毫克/千克

	类别	有效硫 平均值	有效硫 区域值	有效铜 平均值	有效铜 区域值	有效锌 平均值	有效锌 区域值	有效锰 平均值	有效锰 区域值	有效铁 平均值	有效铁 区域值	有效硼 平均值	有效硼 区域值
行政区域	龙泉镇	20.38	6.74~36.50	0.81	0.40~1.27	0.70	0.36~2.11	5.44	2.70~9.87	4.06	1.87~8.13	0.33	0.17~0.61
	城南乡	20.73	5.57~42.31	0.74	0.47~1.14	0.74	0.40~2.11	4.61	2.70~7.44	3.66	1.75~5.79	0.36	0.15~0.63
	下李乡	17.30	4.40~42.31	0.73	0.47~1.23	0.87	0.36~2.70	4.91	2.24~7.44	3.91	1.62~6.83	0.44	0.27~0.62
	寨子乡	20.68	9.08~43.87	0.80	0.51~1.04	0.98	0.51~1.91	4.99	2.47~8.25	3.88	2.12~5.79	0.37	0.15~0.57
	黄土镇	19.42	7.91~42.31	0.78	0.49~1.49	1.04	0.47~2.40	4.57	2.70~8.25	4.50	1.37~8.90	0.41	0.27~0.65
	陡坡乡	18.85	11.42~45.44	0.74	0.44~0.93	0.73	0.36~1.47	5.14	3.16~6.63	4.27	2.25~6.83	0.42	0.25~0.59
	午城镇	19.73	9.66~32.92	0.74	0.40~1.33	0.63	0.30~1.71	4.37	2.01~7.04	3.32	1.25~4.83	0.35	0.16~0.62
	阳头升乡	19.31	6.74~45.44	0.73	0.43~1.36	0.74	0.41~1.71	5.19	2.70~8.66	3.45	1.75~6.83	0.41	0.18~0.64
	吕梁山国有林业管理局	16.44	9.66~32.92	0.76	0.41~1.11	0.81	0.39~1.91	5.23	2.70~8.66	5.17	3.01~8.65	0.43	0.31~0.67
土壤类型	红黄土质褐土性土	16.36	7.32~42.31	0.73	0.54~1.17	0.62	0.36~1.14	5.02	3.16~7.44	3.56	2.37~7.09	0.44	0.25~0.57
	洪积石灰性褐土	21.60	10.83~40.75	0.76	0.41~1.33	0.90	0.35~2.40	4.51	2.24~7.44	3.57	1.37~6.05	0.39	0.16~0.61
	黄土质褐土性土	19.55	4.40~45.44	0.75	0.40~1.36	0.78	0.30~2.70	4.87	2.01~9.87	3.81	1.25~8.90	0.38	0.15~0.64
	黄土质石灰性褐土	19.00	6.74~40.75	0.78	0.46~1.23	0.81	0.36~2.40	4.84	2.24~8.66	3.68	1.75~6.05	0.36	0.16~0.63
	沟淤褐土性土	20.30	8.49~45.44	0.75	0.43~1.23	0.80	0.36~2.40	5.11	2.70~8.25	4.21	1.62~8.90	0.42	0.21~0.67
地形部位	黄土垣、梁、峁、坡	17.45	12.00~23.28	0.89	0.67~1.14	0.73	0.30~2.11	4.82	2.24~8.66	4.08	1.25~8.90	0.37	0.16~0.67
	中低山顶部	19.31	6.74~42.31	0.77	0.40~1.49	0.68	0.44~0.97	4.98	3.62~6.23	3.76	2.68~4.34	0.30	0.17~0.40
	黄土台垣区	18.90	6.15~42.31	0.74	0.40~1.36	0.75	0.30~2.11	4.97	2.47~9.87	3.94	1.87~6.83	0.37	0.15~0.64
	河谷川地	20.18	4.40~45.44	0.75	0.40~1.27	0.86	0.30~2.70	4.83	2.01~9.06	3.59	1.37~8.65	0.41	0.19~0.67

二、分级论述

1. 有效硫

Ⅰ级　有效硫含量大于 200.0 毫克/千克，全县无分布。

Ⅱ级　有效硫含量为 100.1～200.0 毫克/千克，全县无分布。

Ⅲ级　有效硫含量为 50.1～100 毫克/千克，全县无分布。

Ⅳ级　有效硫含量为 25.1～50 毫克/千克，面积为 33 272.92 亩，占总耕地面积的 10.77%。

Ⅴ级　有效硫含量为 12.1～25.0 毫克/千克，面积为 260 199.87 亩，占总耕地面积的 84.21%。

Ⅵ级　有效硫含量小于等于 12.0 毫克/千克，面积为 15 524.00 亩，占总耕地面积的 5.02%。

2. 有效铜

Ⅰ级　有效铜含量大于 2.00 毫克/千克，全县无分布。

Ⅱ级　有效铜含量为 1.51～2.00 毫克/千克，全县无分布。

Ⅲ级　有效铜含量为 1.01～1.50 毫克/千克，面积为 6 200.17 亩，占总耕地面积的 2.00%。

Ⅳ级　有效铜含量为 0.51～1.00 毫克/千克，面积为 300 585.39 亩，占总耕地面积的 97.28%。

Ⅴ级　有效铜含量为 0.21～0.50 毫克/千克，面积为 2 211.23 亩，占总耕地面积的 0.72%。

Ⅵ级　有效铜含量小于或等于 0.20 毫克/千克，全县无分布。

3. 有效锰

Ⅰ级　有效锰含量为 30 毫克/千克以上，全县无分布。

Ⅱ级　有效锰含量为 20.01～30.00 毫克/千克，全县无分布。

Ⅲ级　有效锰含量为 15.01～20.00 毫克/千克，全县无分布。

Ⅳ级　有效锰含量为 5.01～15.00 毫克/千克，面积为 104 201.00 亩，占总耕地面积的 33.72%。

Ⅴ级　有效锰含量为 1.01～5.00 毫克/千克，面积为 204 795.79 亩，占总耕地面积的 66.28%。

Ⅵ级　有效锰含量小于 1.00 毫克/千克，全县无分布。

4. 有效锌

Ⅰ级　有效锌含量大于 3.00 毫克/千克，全县无分布。

Ⅱ级　有效锌含量为 1.51～3.00 毫克/千克，面积为 5 157.91 亩，占总耕地面积的 1.67%。

Ⅲ级　有效锌含量为 1.01～1.50 毫克/千克，面积为 45 892.90 亩，占总耕地面积的 14.85%。

Ⅳ级　有效锌含量为 0.51～1.00 毫克/千克，面积为 238 338.89 亩，占总耕地面积的 77.13%。

Ⅴ级　有效锌含量为 0.31～0.50 毫克/千克，面积为 19 118.80 亩，占总耕地面积的 6.19%。

Ⅵ级　有效锌含量小于等于 0.30 毫克/千克，面积为 488.29 亩，占总耕地面积的 0.16%。

5. 有效铁

Ⅰ级　有效铁含量大于 20.00 毫克/千克，全县无分布。

Ⅱ级　有效铁含量为 15.01～20.00 毫克/千克，全县无分布。

Ⅲ级　有效铁含量为 10.01～15.00 毫克/千克，全县无分布。

Ⅳ级　有效铁含量为 5.01～10.00 毫克/千克，面积为 20 425.52 亩，占总耕地面积的 6.61%。

Ⅴ级　有效铁含量为 2.51～5.00 毫克/千克，面积为 274 003.48 亩，占总耕地总面积的 88.68%。

Ⅵ级　有效铁含量小于等于 2.50 毫克/千克，面积为 14 567.79 亩，占总耕地面积的 4.71%。

6. 有效硼

Ⅰ级　有效硼含量大于 2.00 毫克/千克，全县无分布。

Ⅱ级　有效硼含量为 1.51～2.00 毫克/千克，全县无分布。

Ⅲ级　有效硼含量为 1.01～1.50 毫克/千克，全县无分布。

Ⅳ级　有效硼含量为 0.51～1.00 毫克/千克，面积为 17 910.44 亩，占总耕地面积的 5.80%。

Ⅴ级　有效硼含量为 0.21～0.50 毫克/千克，面积为 288 645.59 亩，占总耕地面积的 93.41%。

Ⅵ级　有效硼含量小于等于 0.20 毫克/千克，面积为 2 440.76 亩，占总耕地面积的 0.79%。

隰县耕地土壤中微量元素分级面积见表 3-9。

表 3-9　隰县耕地土壤中微量元素分级面积

类别	Ⅰ		Ⅱ		Ⅲ		Ⅳ		Ⅴ		Ⅵ	
	比例(%)	面积(亩)	比例(%)	面积(亩)	比例(%)	面积(亩)	比例(%)	面积(亩)	比例(%)	面积(亩)	比例(%)	面积(亩)
有效硫	0	0	0	0	0	0	10.77	33 272.92	84.21	260 199.87	5.02	15 524
有效铜	0	0	0	0	2	6 200.17	97.28	300 585.39	0.72	2 211.23	0	0
有效锌	0	0	1.7	5 157.91	14.85	45 892.9	77.13	238 338.89	6.19	19 118.8	0.16	488.29
有效铁	0	0	0	0	0	0	6.61	20 425.52	88.68	274 003.48	4.71	14 567.79
有效锰	0	0	0	0	0	0	33.72	104 201	66.28	204 795.79	0	0
有效硼	0	0	0	0	0	0	5.8	17 910.44	93.41	288 645.59	0.79	2 440.76

第四节　耕地土壤物理性状

一、土壤质地

土壤质地是土壤的重要物理性质之一，不同的质地对土壤肥力高低、耕性好坏、生产性能的优劣具有很大影响。

土壤质地也称土壤机械组成，指不同粒径在土壤中占有的比例组合。根据卡庆斯基质地分类，粒径大于0.01毫米为物理性沙粒，小于0.01毫米为物理性黏粒。根据其沙黏含量及其比例，主要可分为沙土、沙壤、轻壤、中壤、重壤、黏土6级。

隰县耕层土壤质地98.96％为轻壤、中壤和重壤，沙壤面积很少，只占耕地总面积的1.04％。具体请见表3-9。

沙壤物理性沙粒占90％左右。沙壤结构松散易耕、粒间孔隙度大、通透性好；但颗粒比表面积小、化学风化弱、养分释放慢、供肥性差、保水保肥性能差、抗旱力弱，有"前劲强后劲弱，发小苗不发老苗"的特点。同时，土壤通透性良好，好气性微生物活跃，矿化速率大，肥效短促而猛，作物生长后期易脱肥；土壤热容量小，昼夜温差大，春季地温回升快，晚秋地温下降迅速，作物易受冻害。沙壤占全县耕地总面积的1.04％。

中壤或轻壤物理性沙粒介于55％～80％，物理性黏粒介于20％～45％。中壤或轻壤兼具沙质土和黏质土的优点，沙黏适中、大小孔隙比例适当、通透性好、保水保肥、养分含量丰富、有机质分解快、供肥性好、耕作方便、适耕期长、耕作质量好，具有"发小苗亦发老苗"的特点。因此，一般壤质土的水、肥、气、热比较协调，从质地上看是农业较为理想的土壤。从表3-10可知，全县中壤面积居首位，中壤、轻壤，两者占到全县总耕地面积的87.83％。

表3-10　隰县土壤耕层质地类型情况统计表

质地类型	耕种土壤（亩）	占总耕地面积比例（％）
沙壤、重壤	3 090	1.0
轻　壤	266 667	86.3
中　壤	39 243	12.7
合　计	309 000	100

重壤的物理性黏粒高达45％以上。重壤的特征与沙壤的相反，土壤黏重紧实，素有"干时一把刀，湿时一团糟"之称。土壤易耕期短，耕作困难；总孔隙度大，但无效孔隙多。由于含量较多的胀缩性黏粒矿物，使土壤的部分水分闭蓄成为无效水，不能为作物吸收。该土壤由于好气性微生物活动受到抑制，有机质矿化速率较慢，对作物苗期生长不利，但在根系发达的生育后期，分布的养分与充足的水分会使作物生长良好而获得较高产量，故有"不养小苗，易发老苗"之说。另外，由于土温变化平缓，且落后于气温，因而在春季地温回升慢，作物易受冻害。重壤占全县总耕地面积的11.13％。

二、土壤结构

土壤结构是指土粒在内外因素的综合作用下形成大小不一、形状不同的团聚体在土壤中的排列情况。各种土壤及其不同层次，往往具有不同的结构。土壤结构的好坏，直接关系着土壤水、肥、气、热的协调，微生物的活动、土壤耕性和作物生长。隰县耕种土壤结构的主要类型有块状、粒状、团粒、屑粒等，其性状特征是：

1. 粒状结构 土粒近似球体，为一些不规则的椭圆体、长球体等。粒间大小孔隙组合较好，易保水、保肥、通气、透水。

2. 块状结构 土粒胶结成块，团聚体长、宽、高大体近似，但大小不一，呈不规则形状，俗称"土疙瘩"。块间孔隙大，容易漏水跑墒。

3. 团粒结构 团聚体为近似圆球的土团。团粒经长期水浸或微力水冲不散的称水稳性团粒，可以散开的为非水稳性团粒，团粒结构好的土壤，保水保肥能力强，是农业生产的理想土壤。

4. 屑粒结构 团聚体<0.25毫米的微团粒结构，它不及团粒结构，但好于其他结构。

本县耕种土壤结构的各层分布情况是：

（1）耕作层也称活土层：一般厚度12～20厘米，除一些菜园地团粒结构比较明显外，一般耕地由于有机质含量不高，团粒结构不明显，大多数为屑粒状结构，发育不太好的为粒状、块状、碎块状结构，这与土壤的熟化程度高低有关。

（2）心土层：厚度为20～40厘米，多为块状结构，这类结构的通气透水性和持水能力都不佳。

（3）底土层：一般为50～60厘米，黄土和黄土状母质多为粒块状结构，这类结构有利于土壤的通气透水。其他母质的多为块状或碎块状结构。

综观全县土壤结构，有以下几种不良性状：

一是土疙瘩：在发育不良、熟化程度不高的土壤中容易产生。它对种子发芽和幼苗生长有很大影响。

二是板结：在雨后和灌水后容易发生。其原因：重壤、黏土由于土壤的黏粒较多，失水后黏结收缩快所致。沙壤则是因为土壤中缺乏有机质造成。

三是犁地层：在长期耕作过程中，由于机耕、水力和重力作用，在活土层下面形成了一层比较紧实的土层——犁底层，多呈片状或鳞片状结构，妨碍上下层土壤养分交换、通气透水和作物根系下扎。

三、土体构型

土体构型是指不同土体各个层次的排列情况，它对水肥气热的上下运行，水肥的贮存与流失有很大关系。隰县土壤的土体构型可概括为5个类型：

1. 薄层型 土体浅薄，一般厚度不超过30厘米。因耕层极薄，漏水漏肥，养分含量低贫，作物根系营养面积小，产量常常很低。

2. 蒙金型　蒙金型是一种比较好的土体构型，其特征是质地上轻下黏，透水性好，托水性强，既利于蓄水又利于保水保肥。根据成因，可分为2种类型：一是发生型，即土壤在长期的成土过程中逐渐形成的，主要有碳酸盐褐土。耕层和底土层为轻壤质地，黏化层为中壤质地，耕性上虚下实，作物耐旱耐涝，发小苗又发老苗，具有长效性供肥特点。二是埋藏型，多分布于侵蚀严重的地方。随着侵蚀过程的加剧，使上层黄土越来越薄，下伏红黄土母质接近于地表，形成了似蒙金型土壤。由于失去了肥沃的表土，从而使土壤的水、肥、气、热条件恶化。

3. 通体型　通体型土壤具有深厚的土体，全剖面上下质地基本一致。根据土壤质地的差异，又分为两个亚类：一是壤质型：多为黄土母质上发育的土壤，质地轻—中壤，通体相差不大，耕性较好，通气透水，保供水肥能力较强，肥劲平稳，是较好的土体构型；二是黏质型：红黏土或红黄土母质上发育的土壤多属此类型。土壤细腻，重壤到黏土质地，活土层较浅，土性僵板，通气透水性差，作物根系的发展受到限制，保水保肥能力强而供水供肥能力弱，是一种比较差的土体构型。

四、土壤容重及孔隙度

土壤容重是指在自然状态下单位体积的干土重量。它是土壤结构、松紧度和孔隙状况的综合反映，是评价土壤肥力状况的一个重要指标。一般以容重推算总孔隙度。容重愈大则总孔隙度愈小。土壤容重与土壤质地、结构好坏、有机质的多寡及耕作措施有关，它常随这些条件的不同而变化。

隰县土壤耕层容重大多为 $1\sim1.4$ 克/厘米^3，总孔隙度多为 $47\%\sim62\%$。不同的土壤类型其容重有所不同。总的趋势是：黄土母质发育的土壤类型低于红黄土母质发育的土壤类型，洪积土、沟淤土较高，有机质含量高、活土层深厚的较低。不同深度的土壤，其土壤容重及孔隙度亦有差别。一般上层容重较小，孔隙度高，下层容重较高，孔隙度较小。但也有例外，如碳酸盐褐土的黏化层，长期在同一深度内耕作，机具压实形成的犁底层，往往比底土层或心土层紧实，土壤容重相应增大，孔隙度变小。

一般耕层以容重 $1.1\sim1.4$ 克/厘米^3，土壤总孔隙度 $47\%\sim58\%$ 较为适宜。以此指标衡量全县土壤的松紧度，可以看出，大部分土壤是比较适宜的。对于土壤容重为 1.45 克/厘米^3 以上，紧实致密，通透性不良的土壤，应通过耕作措施和增施有机肥的办法，创造适宜的紧实度，增强土壤蓄水和供水能力，以便最大量地接纳降水，减少消耗，为作物生长提供良好的土壤环境条件。

第五节　耕地土壤属性综述与养分动态变化分析

一、耕地土壤属性综述

隰县 3 600 个样点测定结果表明，全县耕地土壤有机质含量变化范围为 $5.7\sim23.4$ 克/千克，平均值为 11.7 克/千克；土壤全氮含量变化范围为 $0.42\sim1.43$ 克/千克，平均

值为 0.87 克/千克；碱解氮含量变化范围为 119～17 毫克/千克，平均含量为 55.37 毫克/
千克；有效磷含量变化范围为 3.1～23.4 毫克/千克，平均值为 8.6 毫克/千克；土壤缓效
钾变化范围 641～1 164 毫克/千克，平均值为 887 毫克/千克；土壤速效钾含量变化范围
为 72～294 毫克/千克，平均值 143 毫克/千克；土壤有效硫变化范围为 4.40～45.44 毫克
/千克，平均值为 19.49 毫克/千克；土壤有效铜含量变化范围为 0.40～1.49 毫克/千克，
平均值 0.75 毫克/千克；土壤有效锌含量变化范围为 0.30～2.70 毫克/千克，平均值
0.79 毫克/千克；土壤有效锰含量变化范围为 2.01～9.87 毫克/千克，平均值为 4.88 毫
克/千克；土壤有效铁含量变化范围为 1.25～8.90 毫克/千克，平均值为 3.84 毫克/千克；
土壤有效硼含量变化范围为 0.15～0.67 毫克/千克，平均值为 0.38 毫克/千克；pH 含量
变化范围为 8.4～7.5，平均值为 8；阳离子交换量含量变化范围为 13.5～3.6 厘摩尔/千
克，平均值为 7.89 厘摩尔/千克；全磷含量变化范围为 0.87～0.22 克/千克，平均值为
0.59 克/千克；全钾含量变化范围为 23.7～12.3 克/千克，平均值为 16.80 克/千克。具
体见表 3 - 11。

表 3 - 11　隰县耕地土壤属性总体统计结果

项目名称	点位数（个）	平均值	最大值	最小值
有机质（克/千克）	3 600	11.70	23.40	5.70
全氮（克/千克）	3 600	0.87	1.43	0.42
碱解氮（毫克/千克）	3 600	55.37	119.00	17.00
全磷（克/千克）	1 100	0.59	0.87	0.22
有效磷（毫克/千克）	3 600	8.60	23.40	3.10
全钾（克/千克）	1 100	16.80	23.70	12.30
缓效钾（毫克/千克）	3 600	887.00	1 164.00	641.00
速效钾（毫克/千克）	3 600	143.00	294.00	72.00
有效铜（毫克/千克）	1 100	0.75	1.49	0.40
有效锌（毫克/千克）	1 100	0.79	2.70	0.30
有效铁（毫克/千克）	1 100	3.84	8.90	1.25
有效锰（毫克/千克）	1 100	4.88	9.87	2.01
有效硼（毫克/千克）	1 100	0.38	0.67	0.15
pH	3 600	8.00	8.40	7.50
阳离子交换量（厘摩尔/千克）	1 100	7.89	13.50	3.60
有效硫（毫克/千克）	1 100	19.49	45.44	4.40

二、有机质及大量元素的演变

随着农业生产的发展和施肥、耕作经营管理水平的变化，耕地土壤有机质及大量元素
也随着变化。与 1984 年全国第二次土壤普查的耕层养分测定结果相比，土壤有机质 8.9
克/千克，全氮 0.56 克/千克，有效磷 6.51 毫克/千克，速效钾 104 毫克/千克；28 年来，

土壤有机质增加了 2.8 克/千克，全氮增加了 0.31 克/千克，有效磷增加了 2.09 毫克/千克，速效钾增加了 39 毫克/千克。详见表 3-12。

表 3-12 隰县耕地土壤养分变化表

项 目	有机质	全氮	有效磷	速效钾
	克/千克	克/千克	毫克/千克	毫克/千克
第二次土壤普查结果	8.90	0.56	6.51	104.00
测土配方施肥调查结果	11.70	0.87	8.60	143.00
相对第二次土壤普查结果增加量	2.80	0.31	2.09	39.00

第四章　耕地地力评价

第一节　耕地地力分级

一、面积统计

隰县耕地面积 308 996.79 亩。按照《全国耕地类型区、耕地地力等级划分》（NY/T 309—1996）标准，通过对每个评价单元 IFI 值的计算，对照分级标准，确定每个评价单元的地力等级。隰县的耕地共分为 6 个等级，其结果如表 4-1 所示。

表 4-1　隰县耕地地力统计表

地方分级	对应国家等级	面　积（亩）	所占比重（%）
1	5～6	14 015.56	4.54
2	6～7	26 561.79	8.60
3	7～8	58 518.03	18.94
4	8～9	85 791.90	27.76
5	9	109 114.80	35.31
6	9	14 994.71	4.85

全县三级以下等耕地比例大，占全部耕地的 86.86%；二级以上的耕地面积比例小，仅占全县总耕地面积的 13.14%。

二、地域分布

隰县耕地主要分布在昕水河流域的一级、二级阶地，坡梁沟壑黄土丘陵区，土石山区。

第二节　耕地地力等级分布

一、一　级　地

（一）面积和分布

本级耕地面积为 14 015.56 亩，主要分布在沿昕水河两岸的河川地带。黄土镇、午城镇、阳头升乡、寨子乡均有分布。其中，黄土镇 2 259.99 亩，午城镇 1 178.79 亩，阳头升乡 8 812.52 亩，寨子乡 1 572.94 亩，其他乡（镇）、国有林管局也有零星分布。

（二）主要属性分析

本级土壤类型为褐土，包括褐土性土、石灰性褐土两个亚类，耕层质地多为壤土，耕层厚度15～24厘米，pH的变化范围为7.89～8.20，平均值为8.03。耕层土壤质地适中，保水保肥性能好，无明显障碍因素，农田基础设施较好。

本级耕地土壤有机质平均含量11.5克/千克，属省四级水平；全氮平均含量为0.85克/千克，属省四级水平；有效磷平均含量为9.4毫克/千克，属省五级水平；速效钾平均含量为144毫克/千克，属省四级水平；缓效钾平均含量为874毫克/千克，属省三级水平；有效硫平均含量19.78毫克/千克，属省五级水平；有效铜平均含量0.76毫克/千克，属省四级水平；有效锰平均含量4.76毫克/千克，属省五级水平；有效锌平均含量0.92毫克/千克，属省四级水平；有效铁平均含量3.39毫克/千克，属省五级水平；有效硼平均含量0.43毫克/千克，属省五级水平。详见表4-2。

表4-2　一级地土壤养分统计表

项　　目		平　均	最　大	最　小	标准差	变异系数（%）
有机质	克/千克	11.50	17.65	7.65	1.25	0.10
全　氮	克/千克	0.85	1.24	0.63	0.09	0.10
有效磷	毫克/千克	9.40	20.40	4.70	2.82	0.30
速效钾	毫克/千克	144.00	240.20	89.60	27.10	0.20
缓效钾	毫克/千克	874.00	1 041.20	700.60	59.20	0.07
有效硫	毫克/千克	19.78	42.30	7.30	6.10	0.30
有效铁	毫克/千克	3.39	6.00	1.40	0.80	0.24
有效锰	毫克/千克	4.76	8.30	2.00	1.13	0.24
有效铜	毫克/千克	0.76	1.20	0.40	0.14	0.18
有效锌	毫克/千克	0.92	2.40	0.30	0.36	0.40
有效硼	毫克/千克	0.43	0.64	0.23	0.07	0.17
pH	—	8.00	8.20	7.90	0.05	0.006

该级耕地农作物生产历来水平较高，从农户调查表来看，玉米亩产450千克。

（三）主要存在问题

一是土层较薄，耕层不深；二是土壤肥力与高产高效的需求仍不适应；三是部分区域地下水资源贫乏，水位持续下降，农田水利设施差，化肥施用量不断提升，有机肥施用不足，引起土壤板结，土壤团粒结构遭到一定程度的破坏；四是部分区域是近几年农资价格的飞速猛长，农民的种粮积极性严重受挫，重用地轻养地。

（四）合理利用

（1）进一步调整粮经比例，突出发展设施农业，扩大经济作物种植面积，提高耕地产出率；实行间作套种，充分利用光热资源，提高作物产量。

（2）增施有机肥料，实施测土配方施肥，实行秸秆还田，提高土壤肥力。

（3）机械深耕，增加土壤耕层深度，提高作物吸收深层水分和养分的能力。

（4）加强农田基础设施建设，大力发展节水灌溉。另外，还需突出区域特色经济作物的发展，如梨果业的发展。

二、二级地

（一）面积与分布

本级耕地面积为 26 561.79 亩，主要分布在黄土丘陵、沿昕水河河岸的川谷地和唐户垣、无愚垣、陡坡垣、后堰垣、马家垣、阳德垣、阳头升垣等较大垣面上的部分垣地。城南乡、黄土镇、龙泉镇、午城镇、下李乡、阳头升乡、寨子乡均有分布。其中，城南乡 5 923.99 亩，黄土镇 3 642.29 亩，龙泉镇 1 235.38 亩，午城镇 2 271.18 亩，下李乡 2 339.67亩，阳头升乡 7 831.39 亩，寨子乡 2 619.24 亩，其他乡（镇），国营林管局也有零星分布。

（二）主要属性分析

本级土壤类型为褐土，包括褐土性土、石灰性褐土两个亚类，耕层质地多为壤土，有少量砂壤。耕层厚度12～24厘米，pH 的变化范围为 7.81～8.28，平均值为 8.02。耕层土壤性质较好，障碍层不明显，垣地土层深厚。

本级耕地土壤有机质平均含量 11.9 克/千克，属省四级水平；全氮平均含量为 0.88 克/千克，属省四级水平；有效磷平均含量为 9.7 毫克/千克，属省五级水平；速效钾平均含量为 158 毫克/千克，属省三级水平；缓效钾平均含量为 868 毫克/千克，属省三级水平；有效硫平均含量 21.17 毫克/千克，属省五级水平；有效铜平均含量 0.77 毫克/千克，属省四级水平；有效锰平均含量 4.89 毫克/千克，属省五级水平；有效锌平均含量 0.90 毫克/千克，属省四级水平；有效铁平均含量 3.53 毫克/千克，属省五级水平；有效硼平均含量 0.42 毫克/千克，属省五级水平。详见表4-3。

表4-3　二级地土壤养分统计表

项　目		平　均	最　大	最　小	标准差	变异系数（%）
有机质	克/千克	11.90	17.98	8.97	1.27	0.10
全氮	克/千克	0.88	1.22	0.57	0.09	0.10
有效磷	毫克/千克	9.70	19.39	5.00	2.30	0.24
速效钾	毫克/千克	158.00	294.20	104.30	25.80	0.16
缓效钾	毫克/千克	868.00	1 146.30	700.70	54.30	0.06
有效硫	毫克/千克	21.17	42.30	7.90	5.30	0.25
有效铁	毫克/千克	3.53	8.65	1.62	0.78	0.22
有效锰	毫克/千克	4.89	7.85	2.00	0.96	0.20
有效铜	毫克/千克	0.77	1.27	0.41	0.12	0.15
有效锌	毫克/千克	0.90	2.40	0.39	0.32	0.35
有效硼	毫克/千克	0.42	0.67	0.19	0.07	0.18
pH	—	8.00	8.20	7.80	0.05	0.006

本级耕地粮食生产处于全县上游水平，种植的主要作物有玉米、马铃薯、谷子等。玉

米平均亩产 420 千克、谷子平均亩产 200 千克、马铃薯亩产 900 千克。

（三）存在问题

该级耕地全部为中产田。一是垣地干旱缺水，农田基础设施不完善；二是部分河川地保水保肥能力交差；三是农民科学施肥意识不够强，盲目施用化肥现象严重，有机肥施用量少；四是对耕作土壤进行粗放式管理，土壤肥力低，重用地轻养地；五是耕层浅。

（四）合理利用

（1）坚持"用地养地"相结合的原则，合理作物布局。

（2）鼓励农民广开有机肥源，多积肥、增施肥；推广秸秆还田、测土配方施肥。

（3）加强农田整治，实行田、路、管、渠综合配套，建设高产、高效田。

（4）科学开发、配置水利资源，实行节水灌溉。

（5）机械深耕，增加土壤耕层深度，提高作物吸收深层水分和养分的能力。

三、三 级 地

（一）面积与分布

本级耕地面积为 58 518.03 亩，主要分布在丘陵和土石山区之间的沟谷地、沿昕水河两岸的少量河滩地和唐户垣、陡坡垣、马家垣、无愚垣、任家垣、北庄垣、后堰垣、阳头升垣等较大垣面上的部分垣地。城南乡、陡坡乡、黄土镇、龙泉镇、午城镇、下李乡、阳头升乡、寨子乡均有分布。其中，城南乡 12 931.69 亩，陡坡乡 3 527.69 亩，黄土镇 3 749.62亩，龙泉镇 2 791.55 亩，午城镇 5 916.65 亩，下李乡 11 850.82 亩，阳头升乡 12 437.97亩，寨子乡 3 869.54 亩，吕梁山国有林业管理局 1 442.5 亩。

（二）主要属性分析

本级土壤类型主要为褐土，主要包括褐土性土和石灰性褐土两个亚类，耕层质地轻壤占 50% 以上，其余为中壤、重壤，还有少量黏土和沙土。耕层厚度 10～24 厘米，pH 的变化范围为 7.81～8.28，平均值为 8.01。垣地土层深厚，障碍层不明显。

本级耕地土壤有机质平均含量 11.7 克/千克，属省四级水平；全氮平均含量为 0.86克/千克，属省四级水平；有效磷平均含量为 9.0 毫克/千克，属省五级水平；速效钾平均含量为 148 毫克/千克，属省四级水平；缓效钾平均含量为 866 毫克/千克，属省三级水平；有效硫平均含量 19.90 毫克/千克，属省五级水平；有效铜平均含量 0.74 毫克/千克，属省四级水平；有效锰平均含量 4.78 毫克/千克，属省五级水平；有效锌平均含量 0.88毫克/千克，属省四级水平；有效铁平均含量 3.69 毫克/千克，属省五级水平；有效硼平均含量 0.41 毫克/千克，属省五级水平。详见表 4-4。

表 4-4　三级地土壤养分统计表

项　目		平　均	最　大	最　小	标准差	变异系数（%）
有机质	克/千克	11.70	20.60	6.30	1.30	0.11
全氮	克/千克	0.86	1.22	0.55	0.10	0.11
有效磷	毫克/千克	9.00	23.40	3.67	2.24	0.25

（续）

项　目		平　均	最　大	最　小	标准差	变异系数（%）
速效钾	毫克/千克	148.00	267.20	81.89	24.48	0.17
缓效钾	毫克/千克	866.00	1 146.00	641.00	59.60	0.07
有效硫	毫克/千克	19.90	45.40	5.00	5.07	0.25
有效铁	毫克/千克	3.69	8.90	1.60	0.77	0.20
有效锰	毫克/千克	4.78	9.00	2.20	0.88	0.18
有效铜	毫克/千克	0.74	1.36	0.40	0.10	0.14
有效锌	毫克/千克	0.88	2.70	0.36	0.31	0.35
有效硼	毫克/千克	0.41	0.64	0.20	0.08	0.18
pH	—	8.00	8.30	7.80	0.05	0.007

本级所在区域主要种植的作物主要为玉米和苹果。本级耕地粮食生产水平较高，玉米平均亩产 400 千克以上，苹果平均亩产 2 000～2 500 千克。

（三）存在问题

该级耕地全部为中低产田，一是农田基础条件差，只有极少数耕地能灌溉，大部分耕地为旱地；二是有机肥用量少，土壤肥力低；三是盲目施肥现象普遍；四是投入不足，重用轻养；五是耕层浅。

（四）合理利用

应"用养结合"，培肥地力为主，一是合理布局，实行轮作，倒茬，尽可能做到豆科与禾本科，使养分调剂，余缺互补；二是推广秸秆还田，增施有机肥，提高土壤肥力；三是推广测土配方施肥技术；四是建设灌溉设施，发展农田灌溉；五是机械深耕，增加土壤耕层深度，提高作物吸收深层水分和养分的能力。

四、四　级　地

（一）面积与分布

本级耕地面积为 84 265.37 亩，主要分布在部分黄土台垣地和耕作条件较好的黄土丘陵和山地梯田。城南乡、陡坡乡、黄土镇、龙泉镇、午城镇、下李乡、阳头升乡、寨子乡、吕梁山国有林场管理局均有分布。其中，城南乡 13 820.77 亩，陡坡乡 7 419.01 亩，黄土镇 13 174.97 亩，龙泉镇 4 310.12 亩，午城镇 6 499.62 亩，下李乡 11 143.75 亩，阳头升乡 19 640.91 亩，寨子乡 5 153.73 亩，吕梁山国有林场管理局 3 102.49 亩。

（二）主要属性分析

本级土壤类型主要为褐土，主要包括褐土性土和石灰性褐土两个亚类，耕层质地多为轻壤，另外还有部分中壤、重壤及少量黏土。耕层厚度 10～20 厘米，pH 的变化范围为 7.81～8.28，平均值为 8.00。

本级耕地土壤有机质平均含量 11.8 克/千克，属省四级水平；全氮平均含量为 0.87 克/千克，属省四级水平；有效磷平均含量为 8.7 毫克/千克，属省五级水平；速效钾平均含量为 148 毫克/千克，属省四级水平；缓效钾平均含量为 900 毫克/千克，属省三级水平；有效硫平均含量 19.43 毫克/千克，属省五级水平；有效铜平均含量 0.77 毫克/千克，属省四级水平；有效锰平均含量 5.03 毫克/千克，属省四级水平；有效锌平均含量 0.80 毫克/千克，属省四级水平；有效铁平均含量 3.98 毫克/千克，属省五级水平；有效硼平均含量 0.39 毫克/千克，属省五级水平。详见表 4-5。

表 4-5 四级地土壤养分统计表

项 目		平 均	最 大	最 小	标准差	变异系数（%）
有机质	克/千克	11.80	23.30	7.00	1.70	0.15
全氮	克/千克	0.87	1.25	0.42	0.10	0.11
有效磷	毫克/千克	8.70	19.72	3.40	2.10	0.24
速效钾	毫克/千克	148.00	283.40	76.70	35.70	0.24
缓效钾	毫克/千克	900.00	1 163.80	640.90	51.10	0.06
有效硫	毫克/千克	19.43	40.70	4.40	5.00	0.26
有效铁	毫克/千克	3.98	8.90	1.60	1.04	0.26
有效锰	毫克/千克	5.03	8.70	2.90	0.84	0.17
有效铜	毫克/千克	0.77	1.49	0.44	0.11	0.15
有效锌	毫克/千克	0.80	2.10	0.30	0.23	0.29
有效硼	毫克/千克	0.39	0.67	0.16	0.08	0.20
pH	—	8.00	8.20	7.80	0.05	0.006

本级耕地主要种植作物有玉米、豆类、马铃薯和谷子等，玉米平均亩产 400 千克，豆类平均亩产 100 千克，谷子平均亩产 150 千克，均处于隰县的中等水平。

（三）存在问题

该级耕地全部为中低产田。受地理环境影响，农田基础设施差；全部为旱地，耕地保水保肥性能差，水土流失严重；土壤养分低，肥力瘠薄；耕作粗放，重用轻养。

（四）合理利用

加强农田基础设施建设，搞好平田整地，防止水土流失；采用机械深翻，加厚耕作层，充分纳雨蓄深墒；增施有机肥料，实施测土配方施肥，因地制宜建设集雨旱井发展农田补灌，进一步挖掘增产潜力。

五、五 级 地

（一）面积与分布

本级耕地面积为 109 114.80 亩，主要分布在黄土丘陵和山地梯田。城南乡、陡坡乡、黄土镇、龙泉镇、午城镇、下李乡、阳头升乡、寨子乡、吕梁山国有林场管理局均有分布。其中，城南乡 18 585.94 亩，陡坡乡 7 282.02 亩，黄土镇 6 625.92 亩，龙泉镇 9 170.32 亩，午城镇 14 500.58 亩，下李乡 14 896.77 亩，阳头升乡 17 124.55 亩，寨子乡 7 371.96 亩，吕梁山国有林场管理局 13 556.74 亩。

（二）主要属性分析

本级土壤类型主要为褐土，主要包括褐土性土和石灰性褐土 2 个亚类，耕层质地以轻壤为主，另外还有少量中壤、重壤及黏土。耕层厚度 10～20 厘米，pH 的变化范围为 7.81～8.28，平均值为 8.00。

本级耕地土壤有机质平均含量 11.5 克/千克，属省四级水平；全氮平均含量为 0.88 克/千克，属省四级水平；有效磷平均含量为 8.0 毫克/千克，属省五级水平；速效钾平均含量为 134 毫克/千克，属省四级水平；缓效钾平均含量为 894 毫克/千克，属省三级水平；有效硫平均含量 18.99 毫克/千克，属省五级水平；有效铜平均含量 0.75 毫克/千克，属省四级水平；有效锰平均含量 4.82 毫克/千克，属省五级水平；有效锌平均含量 0.71 毫克/千克，属省四级水平；有效铁平均含量 3.89 毫克/千克，属省五级水平；有效硼平均含量 0.36 毫克/千克，属省五级水平。详见表 4-6。

表 4-6 五级地土壤养分统计表

项　目		平　均	最　大	最　小	标准差	变异系数（％）
有机质	克/千克	11.50	22.10	5.67	1.26	0.10
全氮	克/千克	0.88	1.43	0.45	0.10	0.10
有效磷	毫克/千克	8.00	19.72	3.10	2.00	0.25
速效钾	毫克/千克	134.00	294.20	76.70	27.60	0.20
缓效钾	毫克/千克	894.00	1 093.70	720.60	48.20	0.50
有效硫	毫克/千克	18.99	42.30	6.20	4.60	0.24
有效铁	毫克/千克	3.89	8.90	1.20	0.70	0.18
有效锰	毫克/千克	4.82	9.87	2.20	0.80	0.17
有效铜	毫克/千克	0.75	1.33	0.40	0.10	0.15
有效锌	毫克/千克	0.71	2.10	0.30	0.20	0.27
有效硼	毫克/千克	0.36	0.63	0.15	0.08	0.20
pH	—	8.00	8.20	7.80	0.05	0.006

本级耕地种植作物以谷子、豆类和马铃薯等部分杂粮作物。其中，玉米平均亩产 350～400 千克。

（三）存在问题

该级耕地全部为低产田，是典型的雨养农业区，受地理环境、气候因素制约较大，干旱、瘠薄是限制农业生产的主要因子；有机质含量少，土壤肥力差，地面坡度大，水土流失严重；干旱缺水，耕作层浅，土壤团粒结构差，保水保肥性能差；耕作粗放，重用轻养。

（四）合理利用

在改良措施上，要搞好农田基本建设，改坡耕地为梯田，防止水土流失；深耕改土，增施有机肥，补施微肥，实施测土配方施肥，提高土壤肥力。

六、六 级 地

本级耕地面积为 14 994.71 亩，主要分布在土石山区。城南乡、陡坡乡、黄土镇、龙泉镇、午城镇、下李乡、阳头升乡、寨子乡、吕梁山国有林场管理局均有分布。其中，城南乡 2 649.54 亩，陡坡乡 297.10 亩，黄土镇 484.01 亩，龙泉镇 352.52 亩，午城镇 4 866.92亩，下李乡 939.97 亩，阳头升乡 104.11 亩，寨子乡 61.74 亩，吕梁山国有林场管理局 5 238.80 亩。

（一）主要属性分析

本级土壤类型主要为褐土，主要包括褐土性土和石灰性褐土 2 个亚类，耕层质地大多为轻壤。耕层厚度为 10～20 厘米，pH 的变化范围为 7.81～8.20，平均值为 7.99。

本级耕地土壤有机质平均含量 11.7 克/千克，属省四级水平；全氮平均含量为 0.89 克/千克，属省四级水平；有效磷平均含量为 7.6 毫克/千克，属省五级水平；速效钾平均含量为 132 毫克/千克，属省四级水平；缓效钾平均含量为 880 毫克/千克，属省三级水平；有效硫平均含量 18.28 毫克/千克，属省五级水平；有效铜平均含量 0.74 毫克/千克，属省四级水平；有效锰平均含量 4.86 毫克/千克，属省五级水平；有效锌平均含量 0.70 毫克/千克，属省四级水平；有效铁平均含量 4.03 毫克/千克，属省五级水平；有效硼平均含量 0.36 毫克/千克，属省五级水平。详见表 4-7。

表 4-7　六级地土壤养分统计表

项　目		平　均	最　大	最　小	标准差	变异系数（%）
有机质	克/千克	11.70	17.60	8.30	1.70	0.15
全氮	克/千克	0.89	1.26	0.59	0.10	0.11
有效磷	毫克/千克	7.60	16.40	3.70	2.10	0.27
速效钾	毫克/千克	132.00	240.20	71.50	26.70	0.20
缓效钾	毫克/千克	880.00	1 111.20	680.70	56.70	0.07
有效硫	毫克/千克	18.28	32.90	7.30	4.60	0.25
有效铁	毫克/千克	4.03	7.87	1.75	1.14	0.28
有效锰	毫克/千克	4.86	8.60	2.90	1.01	0.20
有效铜	毫克/千克	0.74	1.10	0.46	0.12	0.16
有效锌	毫克/千克	0.70	2.10	0.30	0.26	0.38
有效硼	毫克/千克	0.36	0.52	0.18	0.06	0.18
pH	—	8.00	8.20	7.80	0.05	0.006

该级耕地主要种植作物以玉米和杂粮为主。其中，玉米亩产 350 千克左右、谷子亩产 150 千克左右、马铃薯亩产 600 千克左右。

（二）存在问题

该级耕地全部为低产田，肥力低，地块小，地面坡度大，水土流失严重；部分地块有障碍层，土壤团粒结构差，保水保肥性能差；干旱缺水，耕作粗放，广种薄收。

（三）合理利用

由于是旱作区，受地理环境、气候因素制约较大，干旱、瘠薄是限制农业生产的主要因子。因此，在改良措施上，要搞好农田基本建设，改坡耕地为梯田，防止水土流失；深耕改土，增施有机肥，补施微肥，实施测土配方施肥，提高土壤肥力。

隰县不同乡（镇）不同等级耕地数量及占总耕地面积比例见表4-8。

表4-8 隰县不同乡（镇）不同等级耕地数量及占总耕地面积比例统计表

| 乡（镇） | 一级地 | | 二级地 | | 三级地 | | 四级地 | | 五级地 | | 六级地 | | 合计 |
	面积（亩）	比例（%）	面积（亩）	比例（%）	面积（亩）	比例（%）	面积（亩）	比例（%）	面积（亩）	比例（%）	面积（亩）	比例（%）	面积（亩）
龙泉镇	31.08	0.01	1 235.38	0.40	2 791.55	0.90	4 310.12	1.40	9 170.32	2.97	352.52	0.11	17 890.97
城南乡	44.14	0.01	5 923.99	1.90	12 931.60	4.20	13 820.77	4.47	18 585.94	6.01	2 649.54	0.86	53 955.98
下李乡	93.85	0.03	2 339.67	0.76	11 850.80	3.84	11 143.75	3.61	14 896.77	4.82	939.97	0.30	41 264.81
寨子乡	1 572.94	0.51	2 619.24	0.85	3 869.54	1.25	5 153.73	1.67	7 371.96	2.39	61.74	0.02	20 649.15
黄土镇	2 259.99	0.73	3 642.29	1.20	3 749.62	1.21	13 174.97	4.26	6 625.92	2.14	484.01	0.16	29 936.80
陡坡乡	—	—	—	—	3 527.69	1.14	7 419.01	2.40	7 282.02	2.36	297.10	0.10	18 525.82
午城镇	1 178.79	0.38	2 271.18	0.74	5 916.65	1.91	6 499.62	2.10	14 500.58	4.70	4 866.92	1.58	35 233.74
阳头升乡	8 812.52	2.90	7 831.39	2.53	12 438.00	4.03	19 640.91	6.36	17 124.55	5.54	104.11	0.34	65 951.48
吕梁山国有林管局	22.25	0.01	848.65	0.27	1 442.50	0.47	3 102.49	1.00	13 556.74	4.39	5 238.80	1.70	24 211.43
合计	14 015.56	4.58	26 711.79	8.65	58 518.07	18.95	84 265.37	27.20	109 114.80	35.32	14 994.71	5.17	307 620.18

第五章 中低产田类型分布及改良利用

第一节 中低产田类型及面积概述

中低产田是指存在各种制约农业生产的土壤障碍因素，产量相对低而不稳定的耕地。

通过对全县耕地地力状况的调查，根据土壤主导障碍因素的改良主攻方向，依据中华人民共和国农业部发布的行业标准 NY/T 310—1996、《山西省中低产田类型划分与改良技术规程》，结合实际进行分析，隰县中低产田划分为 4 个类型：坡地梯改型、瘠薄培肥型、障碍层次型、干旱灌溉型。共计面积 294 981.23 亩，占总耕地面积的 95.47%。

瘠薄培肥型是指受气候、地形条件限制，造成干旱、缺水、土壤养分含量低、结构不良、投肥不足、产量低于当地高产农田，只能通过连年深耕、培肥土壤、改革耕作制度，推广旱作农业技术等长期性的措施逐步加以改良的耕地。瘠薄培肥型面积 10 074.43 亩，占全县总耕地面积的 3.26%，占全县中低产田面积的 3.42%。

坡地梯改型是指主导障碍因素为土壤侵蚀，以及与其相关的地形，地面坡度、土体厚度，土体构型与物质组成，耕作熟化层厚度与熟化程度等，需要通过修筑梯田埂等田间水保工程加以改良治理的坡耕地。坡地梯改型面积 237 979.97 亩，占全县总耕地面积的 77.02%，占全县中低产田面积的 80.68%，是本县面积最大的中低产田类型。

干旱灌溉改良型是指由于气候条件造成的降雨不足或季节性出现不均，又缺少必要的调蓄手段，以及地形、土壤性状等方面的原因，造成的保水蓄水能力的缺陷，不能满足作物正常生长所需的水分需求，但又具备水源开发条件，可以通过发展灌溉加以改良的耕地。一般可将旱地发展为水浇地，其改良方向为发展灌溉。干旱灌溉改良型面积 46 926.83 亩，占全县总耕地面积的 15.19%，占全县中低产田面积的 15.91%。见表 5 - 1 隰县中低产田类型面积统计表。

表 5 - 1 隰县中低产田类型面积统计表

类 型	面积（亩）	占总耕地面积（%）	占中低产田面积（%）
瘠薄培肥型	10 074.43	3.26	3.42
坡地梯改型	237 979.97	77.02	80.68
干旱灌溉型	46 926.83	15.19	15.91
合 计	294 981.23	95.47	100.00

第二节 中低产田类型分布及改良利用措施

一、瘠薄培肥型

（一）面积与分布

瘠薄培肥型耕地面积 10 074.43 亩，占全县总耕地面积的 3.26%，占全县中低产田面积的 3.42%。主要分布土石山区。城南乡、陡坡乡、黄土镇、龙泉镇、午城镇、下李乡、阳头升乡、寨子乡、吕梁山国有林场管理局均有分布。其中，城南乡 2 647.08 亩，陡坡乡 297.10 亩，黄土镇 484.01 亩，龙泉镇 352.52 亩，午城镇 17.22 亩，下李乡 939.97 亩，阳头升乡 86.67 亩，寨子乡 11.06 亩，吕梁山国有林场管理局 5 238.80 亩。

（二）生产性能及存在问题

该类型耕地全部为旱耕地，大部分属于山地梯田和缓坡梯田。土壤类型为褐土。成土母质为黄土母质。地力等级为六级，耕地土壤有机质平均含量为 12.3 克/千克，全氮平均含量为 0.93 克/千克，有效磷平均含量为 8.4 毫克/千克，速效钾平均含量为 144 毫克/千克，有效铁平均含量为 4.65 毫克/千克，有效锰平均含量为 5.36 毫克/千克，有效铜平均含量为 0.76 毫克/千克，有效锌平均含量为 0.82 毫克/千克，有效硼平均含量为 0.37 毫克/千克，有效硫平均含量为 16.44 毫克/千克。

存在的主要问题：一是地面不平，水土流失严重；二是干旱缺水，土体干燥；三是土质粗劣，肥力较差；四是管理粗放，广种薄收。

（三）改良利用措施

（1）采取机械深松、深耕措施，打破犁底层，以蓄水保墒。

（2）开展秸秆还田，增施有机肥，提高土壤有效磷，达到以肥改土、以土保肥、保水的目的。

（3）实施粮豆间作，培肥地力。

（4）平整土地，修埫补堰，达到田面平整，保水保肥。

（5）增施有机肥料，亩施 2 500～3 500 千克，连续 3 年。连年开展秸秆还田。

二、坡地梯改型

（一）面积与分布

隰县坡地梯改型面积 237 979.97 亩，占全县总耕地面积的 77.02%，占全县中低产田面积的 80.68%。主要分布土石山区和黄土丘陵区。城南乡、陡坡乡、黄土镇、龙泉镇、午城镇、下李乡、阳头升乡、寨子乡、吕梁山国有林场管理局均有分布。其中，城南乡 41 359.66 亩，陡坡乡 18 126.51 亩，黄土镇 22 799.86 亩，龙泉镇 15 419.97 亩，午城镇 27 461.60 亩，下李乡 34 639.80 亩，阳头升乡 41 785.33 亩，寨子乡 17 463.28 亩，吕梁山国有林场管理局 18 923.96 亩。

（二）生产性能及存在问题

该类型耕地地形坡度、田面坡度较大，园田化水平较低；土壤类型主要为褐土，成土母质主要为黄土母质。耕地土壤有机质平均含量为 11.6 克/千克，全氮平均含量为 0.87 克/千克，有效磷平均含量为 8.5 毫克/千克，速效钾平均含量为 142 毫克/千克，有效铁平均含量为 3.90 毫克/千克，有效锰平均含量为 4.89 毫克/千克，有效铜平均含量为 0.75 毫克/千克，有效锌平均含量为 0.77 毫克/千克，有效硼平均含量为 0.38 毫克/千克，有效硫平均含量为 19.33 毫克/千克。

存在的主要问题是地面坡度大，土壤受雨水冲刷侵蚀，水土流失严重；土壤干旱瘠薄、耕作层浅，多年来广种薄收，种植效益低下。

(三)改良利用措施

1. 梯田工程　对坡耕地进行土地整治，修建梯田，减少田面坡长，使地面平整，变降雨的坡面径流为垂直入渗。对缓坡梯田采取内切外垫，大平大整，修建高标准水平梯田。通过梯田工程，达到防止水土流失的目的，增强土壤水分储备和抗旱能力。

2. 增加土层及耕作熟化层厚度　新建梯田的土层厚度相对较薄，耕作熟化程度较低。采取客土改良措施，增加土层厚度；施用土壤熟化剂，亩施用硫酸亚铁 50 千克，连续 3 年，加速土壤熟化。梯田土层厚度的一般标准为：土层厚大于 80 厘米，耕作熟化层大于 20 厘米，高标准为土层厚大于 100 厘米，耕作熟化层厚度大于 25 厘米。

3. 粮、林、草并重　此类耕地今后的利用方向应是粮、林、草并重，因地制宜，发展经济林、牧草种植面积，促进林牧发展。

4. 耕作培肥　3 年内深耕 1~2 次，亩增施有机肥料 2 000 千克以上，连年开展秸秆还田。

三、干旱灌溉型

(一)面积与分布

隰县干旱灌溉型面积 46 926.83 亩，占全县总耕地面积的 15.19%，占全县中低产田面积的 15.91%。主要分布在河谷沟川地和少部分台垣地。城南乡、陡坡乡、黄土镇、龙泉镇、午城镇、下李乡、阳头升乡、寨子乡均有分布。其中，城南乡 9 905.19 亩，陡坡乡 102.21 亩，黄土镇 4 561.23 亩，龙泉镇 2 087.40 亩，午城镇 6 576.13 亩，下李乡 5 591.21亩，阳头升乡 15 266.93 亩，寨子乡 2 836.53 亩。

(二)生产性能和存在问题

主要分布在丘陵和土石山区之间、沿昕水河河岸的沟川谷地带。土壤耕性良好，宜耕期长，保水保肥性能较好。土壤类型为褐土、潮土，土壤母质主要为洪积物、淤积物、黄土状和黄土质母质，园田化水平较高。耕地土壤有机质平均含量为 11.7 克/千克，全氮平均含量为 0.86 克/千克，有效磷平均含量为 8.9 毫克/千克，速效钾平均含量为 148 毫克/千克，有效铁平均含量为 3.49 毫克/千克，有效锰平均含量为 4.78 毫克/千克，有效铜平均含量为 0.74 毫克/千克，有效锌平均含量为 0.87 毫克/千克，有效硼平均含量为 0.41 毫克/千克，有效硫平均含量为 20.57 毫克/千克。

存在的主要问题是农田水利条件差，灌溉设施不配套。

(三)改良利用措施

1. 增施有机肥　增施有机肥，增加土壤有机质含量，改善土壤理化性状并为作物生长提供部分营养物质。据调查，有机肥的施用量达到每年 30 000~45 000 千克/公顷。主要通过秸秆还田及施用堆肥、厩肥、人粪尿和禽畜粪便来实现。

2. 合理施用化肥　依据当地土壤实际情况和作物需肥规律选用合理配比，有效控制化肥不合理施用对土壤性状的影响，达到提高农产品品质的目的。

(1)巧施氮肥：速效性氮肥极易分解，通常施入土壤中的氮素化肥的利用率只有

25％～50％，或者更低。这说明施入土壤中的氮素，挥发渗漏损失严重。所以，在施用氮素化肥时，一定注意施肥方法施肥量和施肥时期，提高氮肥利用率，减少损失。

（2）重施磷肥：本区地处黄土高原，属石灰性土壤。土壤中的磷常被固定，而不能发挥肥效。加上部分群众重氮轻磷，作物吸收的磷得不到及时补充。试验证明，在缺磷土壤上增施肥磷增产效果明显。可以增施人粪尿与骡马粪堆沤肥，其中的有机酸和腐殖酸能促进非水溶性磷的溶解，提高磷素的活力。

（3）因地施用钾肥：本区土壤中钾的含量虽然在短期内不会成为限制农业生产的主要因素，但随着农业生产进一步发展和作物产量的不断提高，土壤中的有效钾的含量也会处于不足状态。所以在生产中，应定期监测土壤中钾的动态变化，及时补充钾素。

（4）重视施用微肥：作物对微量元素肥料需要量虽然很小，但能提高产品产量和品质，有其他大量元素不可替代的作用。据调查，全县土壤中微量元素的含量均不高，通过施用微肥可以有效提高土壤中中、微量元素的有效含量。

然而，不同的中低产田类型有其自身的特点，在改良利用中应针对这些特点，采取相应的措施，现分述如下：

（一）瘠薄培肥型中低产田的改良利用

1. 平整土地与条田建设　将平坦垣面及缓坡地规划成条田，平整土地，以蓄水保墒。有条件的地方，开发利用地下水资源和引水上垣，逐步扩大垣面水浇地面积。通过水土保持和提高水资源开发水平，发展粮果生产。

2. 实行水保耕作法　山地、丘陵推广丰产沟田或者其他高秆耕作物及种植制度和地膜覆盖、生物覆盖等旱农技术，有效保持土壤水分，满足作物需求，提高作物产量。另外，也可应用土壤保水剂，具体是：

（1）撒施：在播种旋耕时按每亩1千克均匀撒在地表，旋入土中。

（2）地面喷施：作物定苗后，将保水剂加水配成浓度为2％的溶液，用喷雾装置喷洒在苗周围，在地表形成一层保水剂"薄膜"。

3. 秸秆还田　小麦成熟后，用联合收割机收获，留下20～30厘米高茬，而后用大马力拖拉机配套秸秆粉碎机具粉碎小麦秸秆，使其均匀覆盖地表。最后，采用深耕翻转犁进行深耕作业，将小麦秸秆全部翻压入土，减少表土秸秆覆盖量，防火防风刮，加快秸秆腐烂。

4. 大力兴建林带植被　因地制宜地造林、种草与农作物种植有效结合，兼顾生态效益和经济效益，发展复合农业。

（二）坡地梯改型中低产田的改良利用

1. 梯田工程　此类地形区的深厚黄土层为修建水平梯田创造了条件。梯田可以减少坡长，使地面平整，变降雨的坡面径流为垂直入渗，防止水土流失，增强土壤水分储备和抗旱能力，可采用缓坡修梯田，陡坡种林绿化，增加地面覆盖度。具体措施有：

（1）里切外垫：对坡面较完整的未修建梯田的缓坡耕地进行梯化改造。修成稍向内倾斜的阶面，最终达到方便耕作和保水保土的效果。主要工作是进行土方的挖填，其原则：一是就地填挖平衡，土方不进不出；二是平整后从外到内要形成1°的坡度。施工方法用推土机、装载机整理田面，合理规划土方的调运，尽量减少运土距离，做到挖填平衡，挖填方基本定型后，机械配合人工进行整形，达到外高内低、田坎自然流坡、蓄水埂齐整的标准。通过平整土地，削高填低，拦蓄水土，达到满足进行耕作的要求，提高土地利用质量，变"三跑田"为"三保田"，建设稳产高产农田的目的。

（2）修筑地埂：对梯田地埂损坏较为严重的田块实施修筑地埂工程措施。首先，做好清基工作，清除 0.2～0.3 米的表层耕作土层，遇有陷穴和鼠洞等隐患，要挖开填土夯实；其次，培埂前用人踩脚踏或石杵夯实埂基，取土可在埂基线下坡方向开壕取土、下挖上垫、向上翻土，边培边扣、边踩边拍、分层培土、分层踏实、三扣三打、外光里坚，逐步达到梯田的田面设计高度，使整个填土部位的底层填土密实。通过对地埂的整修达到拦蓄水土、保护农田、增加土壤肥力和提高粮食产量的目的。

2. 增加梯田土层及耕作熟化层厚度　新建梯田的土层厚度相对较薄，耕作熟化程度较低。梯田土层厚度及耕作熟化层厚度的增加是这类田地改良的关键。梯田土层厚度的一般标准为：土层厚大于 80 厘米，耕作熟化层大于 20 厘米，有条件的应达到土层厚大于 100 厘米，耕作熟化层厚度大于 35 厘米。

3. 农、林、牧并重　此类耕地今后的利用方向应是农、林、牧并重，因地制宜，全面发展。此类耕地应发展种草、植树，扩大林地和草地面积，促进养殖业发展，将生态效益和经济效益结合起来，如实行农（果）林复合农业。

隰县各乡（镇）中低田面积统计见表 5-2。

表 5-2　隰县各乡（镇）中低产田面积统计表

乡（镇）	瘠薄培肥型		坡地梯改型		干旱灌溉型	
	面积（亩）	比例（%）	面积（亩）	比例（%）	面积（亩）	比例（%）
龙泉镇	352.52	3.40	15 419.97	6.50	2 087.40	4.40
城南乡	2 647.08	26.40	41 359.66	17.40	9 905.19	21.20
下李乡	939.97	9.40	34 639.80	14.60	5 591.21	11.90
寨子乡	11.06	0.10	17 463.28	7.30	2 836.53	6.00
黄土镇	484.01	4.80	22 799.86	9.60	4 561.23	9.70
陡坡乡	297.10	2.90	18 126.51	7.60	102.21	0.20
午城镇	17.22	0.10	27 461.60	11.50	6 576.13	14.00
阳头升乡	86.67	0.90	41 785.33	17.50	15 266.93	32.60
吕梁山国有林场管理局	5 238.80	52.00	18 923.96	8.00		
合计	10 074.43	100.00	237 979.97	100.00	46 926.83	100.00

第六章　耕地地力评价与测土配方施肥

第一节　测土配方施肥的原理与方法

一、测土配方施肥的含义

测土配方施肥是以肥料田间试验、土壤测试为基础。根据作物需肥规律、土壤供肥性能和肥料效应，在合理施用有机肥料的基础上，提出氮、磷、钾及中、微量元素等肥料的施用品种、数量、施肥时期和施用方法。通俗地讲，就是在农业科技人员指导下科学施用配方肥。测土配方施肥技术的核心是调整和解决作物需肥与土壤供肥之间的矛盾。同时有针对性地补充作物所需的营养元素，作物缺什么元素就补充什么元素，需要多少补充多少，实现各种养分平衡供应，满足作物的需要，达到增加作物产量、改善农产品品质、节省劳力、节支增收的目的。

二、应用前景

土壤有效养分是作物营养的主要来源，施肥是补充和调节土壤养分数量与补充作物营养最有效手段之一。作物因其种类、品种、生物学特性、气候条件以及农艺措施等诸多因素的影响，其需肥规律差异较大。因此，及时了解不同作物种植土壤中的土壤养分变化情况，对于指导科学施肥具有广阔的发展前景。

测土配方施肥是一项应用性很强的农业科学技术，在农业生产中大力推广应用，对促进农业增效、农民增收具有十分重要的作用。通过测土配方施肥的实施，能达到5个目标：一是节肥增产。在合理施用有机肥的基础上，提出合理的化肥投入量，调整养分配比，使作物产量在原有基础上能最大限度地发挥其增产潜能。二是提高产品品质。通过田间试验和土壤养分化验，在掌握土壤供肥状况，优化化肥投入的前提下，科学调控作物所需养分的供应，达到改善农产品品质的目标。三是提高肥效。在准确掌握土壤供肥特性，作物需肥规律和肥料利用率的基础上，合理设计肥料配方，从而达到提高产投比和增加施肥效益的目标。四是培肥改土。实施测土配方施肥必须坚持用地与养地相结合、有机肥与无机肥相结合，在逐年提高作物产量的基础上，不断改善土壤的理化性状，达到培肥和改良土壤，提高土壤肥力和耕地综合生产能力，实现农业可持续发展。五是生态环保。实施测土配方施肥，可有效地控制化肥特别是氮肥的投入量，提高肥料利用率，减少肥料的面源污染，避免因施肥引起的富营养化，实现农业高产和生态环保相协调的目标。

三、测土配方施肥的依据

(一) 土壤肥力是决定作物产量的基础

肥力是土壤的基本属性和质的特征,是土壤从养分条件和环境条件方面,供应和协调作物生长的能力。土壤肥力是土壤的物理、化学、生物学性质的反映,是土壤诸多因子共同作用的结果。农业科学家通过大量的田间试验和示踪元素的测定证明,作物产量的构成,有40%~80%的养分吸收自土壤。养分吸收自土壤比例的大小和土壤肥力的高低有着密切的关系,土壤肥力越高,作物吸自土壤养分的比例就越大。相反,土壤肥力越低,作物吸自土壤的养分越少,那么肥料的增产效应相对增大,但土壤肥力低绝对产量也低。要提高作物产量,首先要提高土壤肥力,而不是依靠增加肥料。因此,土壤肥力是决定作物产量的基础。

(二) 测土配方施肥的主要原则

有机与无机相结合、大中微量元素相配合、用地和养地相结合是测土配方施肥的主要原则。实施配方施肥必须以有机肥为基础,土壤有效磷含量是土壤肥力的重要指标。增施有机肥可以增加土壤有效磷含量,改善土壤理化生物性状,提高土壤保水保肥性能,增强土壤活性,促进化肥利用率的提高,各种营养元素的配合才能获得高产稳产。要使作物—土壤—肥料形成物质和能量的良性循环,必须坚持用养结合,投入产出相对平衡,保证土壤肥力的逐步提高,达到农业的可持续发展。

(三) 测土配方施肥的理论依据

测土配方施肥是以养分归还学说,最小养分律、同等重要律、不可代替律、肥料效应报酬递减律和因子综合作用律等为理论依据,以确定不同养分的施肥总量和肥料配比为主要内容。

同时注意良种、田间管护等影响肥效的诸多因素,形成了测土配方施肥的综合资源管理体系。

1. 养分归还学说 作物产量的形成有40%~80%的养分来自土壤。但不能把土壤看作一个取之不尽,用之不竭的"养分库"。为保证土壤有足够的养分供应容量和强度,保证土壤养分的携出与输入间的平衡,必须通过施肥这一措施来实现。依靠施肥,可以把作物吸收的养分"归还"土壤,确保土壤肥力。

2. 最小养分律 作物生长发育需要吸收各种养分,但严重影响作物生长,限制作物产量的是土壤中那种相对含量最小的养分因素。也就是最缺的那种养分。如果忽视这个最小养分,即使继续增加其他养分,作物产量也难以提高。只有增加最小养分的量,产量才能相应提高。经济合理的施肥是将作物所缺的各种养分同时按作物所需比例相应提高,作物才会优质高产。

3. 同等重要律 对作物来讲,不论大量元素或微量元素,都是同样重要缺一不可的,即使缺少某一种微量元素,尽管它的需要量很少,仍会影响某种生理功能而导致减产。微量元素和大量元素同等重要,不能因为需要量少而忽略。

4. 不可替代律 作物需要的各种营养元素,在作物体内都有一定的功效,相互之间不能替代，缺少什么营养元素，就必须施用含有该元素的肥料进行补充，不能互相替代。

5. 报酬递减律 随着投入的单位劳动和资本量的增加，报酬的增加却在减少，当施肥量超过适量时，作物产量与施肥量之间单位施肥量的增产会呈递减趋势。

6. 因子综合作用律 作物产量的高低是由影响作物生长发育诸因素综合作用的结果，但其中必有一个起主导作用的限制因子，产量在一定程度上受该限制因素的制约。为了充分发挥肥料的增产作用和提高肥料的经济效益，一方面，施肥措施必须与其他农业技术措施相结合，发挥生产体系的综合功能；另一方面，各种养分之间的配合施用，也是提高肥效不可忽视的问题。

四、测土配方施肥确定施肥量的基本方法

1. 土壤与植物测试推荐施肥方法 该技术综合了目标产量法、养分丰缺指标法和作物营养诊断法的优点。对于大田作物，在综合考虑有机肥、作物秸秆应用和管理措施的基础上，根据氮、磷、钾和中、微量元素养分的不同特征，采取不同的养分优化调控与管理策略。其中，氮肥推荐根据土壤供氮状况和作物需氮量，进行实时动态监测和精确调控，包括基肥和追肥的调控；磷、钾肥通过土壤测试和养分平衡进行监控；中、微量元素采用因缺补缺的矫正施肥策略。该技术包括氮素实时监控、磷钾养分恒量监控和中、微量元素养分矫正施肥技术。

（1）氮素实时监控施肥技术：根据不同土壤、不同作物、不同目标产量确定作物需氮量，以需氮量的 $30\%\sim60\%$ 作为基肥用量。具体基施比例根据土壤有效磷含量，同时参照当地丰缺指标来确定。一般在有效磷含量偏低时，采用需氮量的 $50\%\sim60\%$ 作为基肥；在有效磷含量居中时，采用需氮量的 $40\%\sim50\%$ 作为基肥；在有效磷含量偏高时，采用需氮量的 $30\%\sim40\%$ 作为基肥。$30\%\sim60\%$ 基肥比例可根据上述方法确定，并通过"3414"田间试验进行校验，建立当地不同作物的施肥指标体系。有条件的地区可在播种前对 $0\sim20$ 厘米土壤无机氮进行监测，调节基肥用量。

$$基肥用量（千克/亩）=\frac{（目标产量需氮量-土壤无机氮）\times（30\%\sim60\%）}{肥料中养分含量\times肥料当季利用率}\times 校正系数$$

氮肥追肥用量推荐以作物关键生育期的营养状况诊断或土壤硝态氮的测试为依，这是实现氮肥准确推荐的关键环节，也是控制过量施氮或施氮不足、提高氮肥利用率和减少损失的重要措施。测试项目主要是土壤有效磷含量、土壤硝态氮含量或小麦拔节期茎基部硝酸盐浓度、玉米最新展开叶叶脉中部硝酸盐浓度，水稻采用叶色卡或叶绿素仪进行叶色诊断。

（2）磷钾养分恒量监控施肥技术：根据土壤有（速）效磷、钾含量水平，以土壤有（速）效磷、钾养分不成为实现目标产量的限制因子为前提，通过土壤测试和养分平衡监控，使土壤有（速）效磷、钾含量保持在一定范围内。对于磷肥，基本思路是根据土壤有效磷测试结果和养分丰缺指标进行分级，当有效磷水平处在中等偏上时，可以将目标产量需要量（只包括带出田块的收获物）的 $100\%\sim110\%$ 作为当季磷肥用量；随着有效磷含量的增加，需要减少磷肥用量，直至不施；随着有效磷的降低，需要适当增加磷肥用量，

在极缺磷的土壤上，可以施到需要量的150%～200%。在2～3年后再次测土时，根据土壤有效磷和产量的变化再对磷肥用量进行调整。钾肥首先需要确定施用钾肥是否有效，再参照上面方法确定钾肥用量，但需要考虑有机肥和秸秆还田带入的钾量。一般大田作物磷、钾肥料全部做基肥。

（3）中、微量元素养分矫正施肥技术：中、微量元素养分的含量变幅大，作物对其需要量也各不相同。主要与土壤特性（尤其是母质）、作物种类和产量水平等有关。矫正施肥就是通过土壤测试，评价土壤中、微量元素养分的丰缺状况，进行有针对性的因缺补缺的施肥。

2. 肥料效应函数法　根据"3414"方案田间试验结果建立当地主要作物的肥料效应函数，直接获得某一区域、某种作物的氮、磷、钾肥料的最佳施用量，为肥料配方和施肥推荐提供依据。

3. 土壤养分丰缺指标法　通过土壤养分测试结果和田间肥效试验结果，建立不同作物、不同区域的土壤养分丰缺指标，提供肥料配方。

土壤养分丰缺指标田间试验也可采用"3414"部分实施方案。"3414"方案中的处理1为空白对照（CK），处理6为全肥区（NPK），处理2、4、8为缺素区（PK、NK和NP）。收获后计算产量，用缺素区产量占全肥区产量百分数即相对产量的高低来表达土壤养分的丰缺情况。相对产量低于50%的土壤养分为极低；相对产量50%～60%（不含）为低，60%～70%（不含）为较低，70%～80%（不含）为中，80%～90%（不含）为较高，90%（含）以上为高（也可根据当地实际确定分级指标），从而确定适用于某一区域、某种作物的土壤养分丰缺指标及对应的肥料施用数量。对该区域其他田块，通过土壤养分测试，就可以了解土壤养分的丰缺状况，提出相应的推荐施肥量。

4. 养分平衡法

（1）基本原理与计算方法：根据作物目标产量需肥量与土壤供肥量之差估算施肥量，计算公式为：

$$施肥量（千克/亩）=\frac{目标产量所需养分总量-土壤供肥量}{肥料中养分含量\times肥料当季利用率}$$

养分平衡法涉及目标产量、作物需肥量、土壤供肥量、肥料利用率和肥料中有效养分含量五大参数。土壤供肥量即为"3414"方案中处理1的作物养分吸收量。目标产量确定后因土壤供肥量的确定方法不同，形成了地力差减法和土壤有效养分校正系数法两种。

地力差减法是根据作物目标产量与基础产量之差来计算施肥量的一种方法。其计算公式为：

$$施肥量（千克/亩）=\frac{（目标产量-基础产量）\times单位经济产量养分吸收量}{肥料中养分含量\times肥料利用率}$$

基础产量即为"3414"方案中处理1的产量。

土壤有效养分校正系数法是通过测定土壤有效养分含量来计算施肥量。其计算公式为：

$$施肥量（千克/亩）=\frac{作物单位产量养分吸收量\times目标产量-土壤测试值\times0.15\times土壤有效养分校正系数}{肥料中养分含量\times肥料利用率}$$

（2）有关参数的确定：

——目标产量

目标产量可采用平均单产法来确定。平均单产法是利用施肥区前 3 年平均单产和年递增率为基础确定目标产量，其计算公式是：

目标产量（千克/亩）＝（1＋递增率）×前 3 年平均单产（千克/亩）

一般粮食作物的递增率为 10％～15％，露地蔬菜为 20％，设施蔬菜为 30％。

——作物需肥量

通过对正常成熟的农作物全株养分的分析，测定各种作物百千克经济产量所需养分量，乘以目标常量即可获得作物需肥量。

$$作物目标产量所需养分量（千克/亩）＝\frac{目标产量×100 千克产量所需养分量}{100}$$

——土壤供肥量

土壤供肥量可以通过测定基础产量、土壤有效养分校正系数两种方法估算：

通过基础产量估算（处理 1 产量）：不施肥区作物所吸收的养分量作为土壤供肥量。

$$土壤供肥量（千克/亩）＝\frac{不施肥区农作物产量（千克）×100 千克产量所需养分量（千克）}{100}$$

通过土壤有效养分校正系数估算：将土壤有效养分测定值乘一个校正系数，以表达土壤"真实"供肥量。该系数称为土壤有效养分校正系数。

$$土壤有效养分校正系数（％）＝\frac{缺素区作物地上部分吸收该元素量（千克/亩）}{该元素土壤测定值（毫克/千克）×0.15}$$

——肥料利用率

吸收的养分量，其差值视为肥料供应的养分量，再除以所用肥料养分量就是肥料利用率。

$$肥料利用率（％）＝\frac{施肥区农作物吸收养分量－缺素区农作物吸收养分量}{肥料利用率×肥料中养分含量}×100$$

上述公式以计算氮肥利用率为例来进一步说明。

施肥区（NPK 区）农作物吸收养分量（千克/亩）："3414"方案中处理 6 的作物总吸氮量；

缺氮区（PK 区）农作物吸收养分量（千克/亩）："3414"方案中处理 2 的作物总吸氮量；

肥料施用量（千克/亩）：施用的氮肥肥料用量。

肥料中养分含量（％）：施用的氮肥肥料所标明的含氮量。

如果同时使用了不同品种的氮肥，应计算所用的不同氮肥品种的总氮量。

——肥料养分含量

供施肥料包括无机肥料与有机肥料。无机肥料、商品有机肥料含量按其标明量，不明养分含量的有机肥料养分含量可参照当地不同类型有机肥养分平均含量获得。

第二节　粮食作物测土配方施肥技术

立足隰县实际情况，根据历年来的春玉米、马铃薯、谷子等作物的产量水平，土壤养分检测结果，田间肥料效应试验结果，同时结合全县农田基础，制定了春玉米、马铃薯、谷子的配方施肥方案，并和配方肥生产企业联合，大力推广应用配方肥，取得了很好的实施效果。

制定施肥配方的原则：

（1）施肥数量准确：根据土壤肥力状况、作物营养需求，合理确定不同肥料品种施用数量，满足农作物目标产量的养分需求，防止过量施肥或施肥不足。

（2）施肥结构合理：提倡秸秆还田，增施有机肥料，兼顾中、微量元素肥料，做到有机无机相结合，氮、磷、钾养分相均衡，不偏施或少施某一养分。

（3）施用时期适宜：根据不同作物的阶段性营养特征，确定合理的基肥追肥比例和适宜的施肥时期，满足作物养分敏感期和快速生长期等关键时期养分需求。

（4）施用方式恰当：针对不同肥料品种特性、耕作制度和施肥时期，坚持农机农艺结合，选择基肥深施、追肥条施穴施、叶面喷施等施肥方法，减少撒施、表施等。

一、春玉米施肥方案

1. 存在问题与施肥原则　春玉米生产存在的主要施肥问题有：

（1）氮肥一次性施肥面积较大，在一些地区易造成前期烧种烧苗和后期脱肥。

（2）有机肥施用量较少，秸秆还田比例较低。

（3）种植密度较低，保苗株数不够，影响肥料应用效果。

（4）土壤耕层过浅，影响根系发育，易旱易倒伏。

根据上述问题，提出以下施肥原则：

（1）氮肥分次施用，适当降低基肥用量、充分利用磷钾肥后效。

（2）土壤 pH 高、高产地块和缺锌的土壤注意施用锌肥。

（3）增加有机肥用量，加大秸秆还田力度。

（4）推广应用高产耐密品种，适当增加玉米种植密度，提高玉米产量，充分发挥肥料效果。

（5）深松打破犁底层，促进根系发育，提高水肥利用效率。

2. 施肥建议

（1）施肥量：

①春玉米产量为 400 千克/亩以下地块，氮肥（N）用量推荐为 6～8 千克/亩，磷肥（P_2O_5）用量为 4～5 千克/亩，土壤速效钾含量＜120 毫克/千克，补施钾肥（K_2O）为 2 千克/亩。亩施农家肥 1 000 千克以上。

②春玉米产量为 400～500 千克/亩地块，氮肥（N）用量推荐为 8～10 千克/亩，磷肥（P_2O_5）用量为 5～6 千克/亩，土壤速效钾含量＜120 毫克/千克，适当补施钾肥（K_2O）为 2～3 千克/亩。亩施农家肥 1 000 千克以上。

③春玉米产量为 500～650 千克/亩的地块，氮肥（N）用量推荐为 9～12 千克/亩，磷肥（P_2O_5）为 6～9 千克/亩，钾肥（K_2O）为 3～5 千克/亩。亩施农家肥 1 500 千克以上。

④春玉米产量为650～750千克/亩的地块，氮肥用量推荐为10～14千克/亩，磷肥（P_2O_5）为9～11千克/亩，钾肥（K_2O）为4～6千克/亩。亩施农家肥2 000千克以上。

⑤春玉米产量为750～850千克/亩的地块，氮肥用量推荐为14～15千克/亩，磷肥（P_2O_5）为11～12千克/亩，钾肥（K_2O）为5～7千克/亩。亩施农家肥2 000千克以上。

（2）施肥方法：

①作物秸秆还田地块要增加氮肥用量10%～15%，以协调碳氮比，促进秸秆腐解。

②大力提倡化肥深施，坚决杜绝肥料撒施。基、追肥施肥深度要分别达到15～20厘米、5～10厘米。

③施足底肥，合理追肥。一般有机肥、磷、钾及中、微量元素肥料均作底肥，氮肥则分期施用。春玉米田氮肥60%～70%底施、30%～40%追施，在质地偏沙、保肥性能差的土壤，追肥的用量可占氮肥总用量的50%左右。

二、马铃薯施肥方案

1. 存在问题与施肥原则　针对马铃薯生产中普遍存在的重施氮磷肥、轻施钾肥，重施化肥、轻施或不施有机肥的现状，提出以下施肥原则：

（1）增施有机肥。

（2）重施基肥，轻用种肥；基肥为主，追肥为辅。

（3）合理施用氮磷肥，适当增施钾肥。

（4）肥料施用应与高产优质栽培技术相结合。

2. 施肥建议

（1）施肥量：

①马铃薯产量为1 000千克/亩以下的地块，氮肥（N）用量推荐为4～5千克/亩，磷肥（P_2O_5）为3～5千克/亩，钾肥（K_2O）为1～2千克/亩。亩施农家肥1 000千克以上。

②马铃薯产量为1 000～1 500千克/亩的地块，氮肥（N）用量推荐为5～7千克/亩，磷肥（P_2O_5）为5～6千克/亩，钾肥（K_2O）为2～3千克/亩。亩施农家肥1 000千克以上。

③马铃薯产量为1 500～2 000千克/亩的地块，氮肥（N）用量推荐为7～8千克/亩，磷肥（P_2O_5）为6～7千克/亩，钾肥（K_2O）为3～4千克/亩。亩施农家肥1 500千克以上。

④马铃薯产量为2 000千克/亩以上的地块，氮肥（N）用量推荐为8～10千克/亩，磷肥（P_2O_5）为7～8千克/亩，钾肥（K_2O）为4～5千克/亩。亩施农家肥1 500千克以上。

（2）施肥方法：有机肥、磷肥全部作基肥。氮肥总量的60%～70%作基肥，30%～40%作追肥。钾肥总量的70%～80%作基肥，20%～30%作追肥。磷肥最好和有机肥混合沤制后施用。基肥可以在秋季或春季结合耕地沟施或撒施后翻入土中。马铃薯追肥一般在开花以前进行，早熟品种在苗期追肥，中晚熟品种在现蕾前追肥。

三、春谷子施肥方案

1. 存在问题与施肥原则 针对春播谷子生产中普遍存在的化肥用量不平衡，肥料增产效率下降，有机肥用量不足，微量元素硼缺乏时有发生等问题。提出以下施肥原则：

（1）依据土壤肥力高低，适当增减氮磷化肥用量。

（2）增施有机肥，提倡有机无机相结合。

（3）将大部分氮肥、全部磷肥和有机肥，结合秋季深耕进行底施。

（4）依据土壤钾素和硼素的丰缺状况，注意钾肥、硼肥的施用。

（5）氮肥的施用坚持"前重后轻"、"基肥为主，追肥为辅"的原则。

（6）肥料施用应与高产优质栽培技术相结合。

2. 施肥建议

（1）施肥量：

①谷子产量为 200 千克/亩以下的地块，氮肥（N）用量推荐为 6～9 千克/亩，磷肥（P_2O_5）为 4～6 千克/亩。

②谷子产量为 200～300 千克/亩的地块，氮肥（N）用量推荐为 9～12 千克/亩，磷肥（P_2O_5）为 5～7 千克/亩，钾肥（K_2O）为 0～4 千克/亩。

③谷子产量为 300 千克/亩以上的地块，氮肥（N）用量推荐为 12～15 千克/亩，磷肥（P_2O_5）为 6～8 千克/亩，钾肥（K_2O）为 4～6 千克/亩。

如果基肥施用了有机肥，可酌情减少化肥用量。

（2）施肥方法：有机肥、磷钾肥和硼砂做基肥一次性深施早施，氮肥施用根据地力水平进行。即：低产田氮肥全部作基肥施用；中产田氮肥 70%作基肥施用，30%在拔节后期作追肥施用；高产田氮肥 60%作基肥施用，40%在拔节后期作追肥施用。

第三节 果树测土配方施肥技术

一、苹果施肥方案

1. 存在问题与施肥原则 存在问题主要是：

（1）有机肥施用量不足。全县果园有机肥施用量平均仅为 1 000 千克左右，优质有机肥的施用量则更少，无法满足果树生长的需要。

（2）化肥"三要素"施用配比不当，肥料增产效益下降。

（3）中、微量元素肥料施用量不足，用法不当。老果园土壤钙、铁、锌、硼等缺乏时有发生，相应施肥多在出现病症后补施。过量施磷使土壤中元素间拮抗现象增强，影响微量元素的有效性。

针对上述问题，提出以下施肥原则：

增施有机肥，做到有机无机配合施用。

依据土壤肥力和产量水平适当调整化肥三要素配比，注意配施钙、铁、硼、锌。

掌握科学施肥方法，根据树势和树龄分期施用氮磷钾肥料，施用要开沟深施覆土。

2. 施肥建议

（1）施肥量：

①早熟品种，或土壤肥沃，或树龄小，或树势强的果园施优质农家有机肥 2～3 米^3/亩；晚熟品种、土壤瘠薄、树龄大、树势弱的果园施有机肥 3～4 米^3/亩 。

②亩产为 2 500 千克以下。氮肥（N）为 12～15 千克/亩，磷肥（P_2O_5）为 4～6 千克/亩，钾肥（K_2O）为 12～15 千克/亩。

③亩产为 2 500～3 500 千克。氮肥（N）为 15～20 千克/亩，磷肥（P_2O_5）为 6～10 千克/亩，钾肥（K_2O）为 15～20 千克/亩。

④亩产为 3 500～4 500 千克。氮肥（N）为 20～25 千克/亩，磷肥（P_2O_5）为 8～12 千克/亩，钾肥（K_2O）为 15～20 千克/亩。

⑤亩产为 4 500 千克以上。氮肥（N）为 25～35 千克/亩，磷肥（P_2O_5）为 10～15 千克/亩，钾肥（K_2O）为 20～30 千克/亩。

（2）施肥方法：

①采用基肥、追肥、叶喷、涂干等相结合的立体施肥方法。基肥以有机肥和适量化肥为主，多在果实采收前后的 9 月中旬至 10 月中旬施入；追肥主要在花前、花后和果实膨大期进行，前期以氮为主，中期以磷、钾肥为主；叶喷、涂干于 6～8 月进行。施肥时应注意将肥料施在根系密集层，最好与灌水相结合。旱地果树施用化肥不能过于集中，以免引起根害。

②对于旺树，秋季基肥中施用 50%的氮肥，其余在花芽分化期和果实膨大期施用；对于弱树，秋季基肥中施用 30%的氮肥，50%的氮肥在 3 月开花时施用，其余在 6 月中旬施用。70%的磷肥秋季基施，其余磷肥可在春季施用；40%的钾肥作秋季基肥，20%在开花期，40%在果实膨大期分次施用。

③土壤缺锌、硼和钙而未秋季施肥的果园，每亩施用硫酸锌 1～1.5 千克、硼砂0.5～1.0 千克、硝酸钙 30～50 千克，与有机肥混匀后秋季或早春配合基肥施用；或在套袋前叶面喷施 2～3 次。

二、梨树施肥方案

1. 存在问题与施肥原则 存在问题主要是：

（1）有机肥施用量差异较大。全县果园有机肥施用量平均不足 1 000 千克，优质有机肥的施用量则更少，无法满足果树生长的需要。

（2）氮肥施用比例较高，施肥不平衡。

（3）中、微量元素肥料施用量不足，用法不当。老果园土壤钙、铁、锌、硼等缺乏时有发生，相应施肥多在出现病症后补施。过量施磷使土壤中元素间拮抗现象增强，影响微量元素的有效性。

针对上述问题，提出以下施肥原则：

增加有机肥的施用，实施果园生草、覆盖，培肥土壤；土壤酸化严重的果园施用石灰和有机肥进行改良。

依据梨园土壤肥力条件和梨树生长状况，适当减少氮磷肥用量，增加钾肥施用，通过叶面喷施补充钙、镁、铁、锌、硼等中、微量元素。

结合高产优质栽培技术、产量水平和土壤肥力条件，确定肥料施用时期、用量和元素配比。

优化施肥方式，改撒施为条施或穴施，合理配合灌溉与施肥，以水调肥。

2. 施肥建议

（1）施肥量：

①亩产为 2 000 千克以下的果园：有机肥为 2～3 米³/亩，氮肥（N）为 15～20 千克/亩，磷肥（P_2O_5）为 8～12 千克/亩，钾肥（K_2O）为 15～20 千克/亩。

②亩产为 2 000～4 000 千克的果园：有机肥为 2～3 米³/亩，氮肥（N）为 20～25 千克/亩，磷肥（P_2O_5）为 8～12 千克/亩，钾肥（K_2O）为 20～25 千克/亩。

③亩产为 4 000 千克以上的果园：有机肥为 3～4 米³/亩，氮肥（N）为 25～30 千克/亩，磷肥（P_2O_5）为 8～12 千克/亩，钾肥（K_2O）为 20～30 千克/亩。

（2）施肥方法：

①采用基肥、追肥、叶喷、涂干等相结合的立体施肥方法。基肥以有机肥和适量化肥为主，多在果实采收前后的 9 月中旬至 10 月中旬施入；追肥主要在花前、花后和果实膨大期进行，前期以氮为主，中期以磷、钾肥为主；叶喷、涂干于 6～8 月进行。施肥时应注意将肥料施在根系密集层，最好与灌水相结合。旱地果树施用化肥不能过于集中，以免引起根害。

②对于旺树，秋季基肥中施用 50％的氮肥，其余在花芽分化期和果实膨大期施用；对于弱树，秋季基肥中施用 30％的氮肥，50％的氮肥在 3 月开花时施用，其余在 6 月中旬施用。70％的磷肥秋季基施，其余磷肥可在春季施用；40％的钾肥作秋季基肥，20％在开花期，40％在果实膨大期分次施用。

与苹果树不同的是，梨树在土壤含有效磷、钾含量较高时，增施磷、钾肥，往往没有肥效，只有注意氮肥与磷、钾肥的配合施用才能取得较好效果。

③土壤缺锌、硼和铁而未秋季施肥的果园，每亩施用硫酸锌 1～1.5 千克、硼砂0.5～1.0 千克、硫酸亚铁 50～100 千克，与有机肥混匀后秋季或早春配合基肥施用；或在套袋前叶面喷施 2～3 次。

三、桃树施肥方案

1. 存在问题与施肥原则　针对桃园用肥量差异较大，肥料用量、氮磷钾配比、施肥时期和方法不合理，忽视施肥和灌溉协调等问题。提出以下施肥原则：

（1）增加有机肥施用量，做到有机无机配合施用。

（2）依据土壤肥力状况、品种特性及产量水平，合理调控氮磷钾肥比例，针对性配施硼和锌肥。

（3）追肥的施用时期区别对待，早熟品种早施，晚熟品种晚施。

（4）弱树应以新梢旺长前和秋季施肥为主；旺长树应以春梢和秋梢停长期追肥为主；结果太多的大年树应加强花芽分化期和秋季的追肥。

2. 施肥建议

（1）施肥量：

①产量水平为 1 500 千克/亩以下。有机肥为 2 米³/亩，氮肥（N）为 10～12 千克/亩，磷肥（P_2O_5）为 5～8 千克/亩，钾肥（K_2O）为 12～15 千克/亩。

②产量水平为 1 500～3 000 千克/亩。有机肥为 2 米³/亩，氮肥（N）为 12～16 千克/亩，磷肥（P_2O_5）为 7～9 千克/亩，钾肥（K_2O）为 17～20 千克/亩。

③产量水平为 3 000 千克/亩以上。有机肥为 2～3 米³/亩，氮肥（N）为 15～18 千克/亩，磷肥（P_2O_5）为 8～10 千克/亩，钾肥（K_2O）为 18～22 千克/亩。

（2）施肥方法：

①全部有机肥、30％～40％的氮肥、100％的磷肥及50％的钾肥作基肥于桃果采摘后的秋季采用开沟方法施用；其余 60％～70％氮肥和50％的钾肥分别在春季桃树萌芽期、硬核期和果实膨大期分次追肥（早熟品种 1～2 次、晚熟品种 2～3 次）。

②对前一年落叶早或负载量高的果园，应加强根外追肥，萌芽前可喷施 2～3 次1％～3％的尿素，萌芽后至 7 月中旬之前，定期按 2 次尿素与 1 次磷酸二氢钾的方式喷施，浓度为 0.3％～0.5％。

③如前一年施用有机肥数量较多，则当年秋季基施的氮、钾肥可酌情减少 1～2 千克/亩，当年果实膨大期的化肥氮、钾追施数量可酌减 2～3 千克/亩。

四、葡萄施肥方案

1. 存在问题与施肥原则　针对隰县目前大多数葡萄产区施肥中存在的重氮、磷肥，轻钾肥和微量元素肥料，有机肥料重视不够等问题，提出以下施肥原则：

（1）依据土壤肥力条件和产量水平，适当增加钾肥的用量。

（2）增施有机肥，提倡有机无机相结合。

（3）注意硼、铁和钙的配合施用。

（4）幼树施肥应根据幼树的生长需要，遵循"薄肥勤施"的原则进行施肥。

（5）进行根外追肥。

（6）肥料施用与高产优质栽培相结合。

2. 施肥建议

（1）施肥量：

①亩产为 500～1 000 千克的低产果园。亩施腐熟的有机肥为 1 000～2 000 千克，氮肥（N）为 9～10 千克/亩，磷肥（P_2O_5）为 7～9 千克/亩，钾肥（K_2O）为 11～13 千克/亩。

②亩产为 1 000～2 000 千克的中产果园。亩施腐熟的有机肥为 2 000～2 500 千克，氮肥（N）为 11～13 千克/亩，磷肥（P_2O_5）为 9～11 千克/亩，钾肥（K_2O）为 13～15 千克/亩。

③亩产为 2 000 千克以上的高产果园。亩施腐熟的有机肥为 2 500~3 500 千克，氮肥（N）为 12~15 千克/亩，磷肥（P_2O_5）为 11~13 千克/亩，钾肥（K_2O）为 15~18 千克/亩。

（2）施肥方法：基肥通常用腐熟的有机肥在葡萄采收后立即施入，并加入一些速效性的化肥，如尿素和过磷酸钙、硫酸钾等。基肥用量占全年总施肥量的 50%~60%，施用方法采用开沟施。在葡萄生长季节，一般丰产果园每年追肥 2~3 次，第一次在早春芽开始膨大期，施入腐熟的人粪尿混掺尿素，分配比例为 10%~15%；第二次在谢花后幼果膨大初期，以氮肥为主，结合施磷钾肥，分配比例为 20%~30%；第三次在果实着色初期，以磷钾肥为主，分配比例为 10%。追肥可以结合灌水或雨天直接施入植株根部土壤中，也可进行根外追肥。

第四节　蔬菜测土配方施肥技术

一、露地甘蓝施肥方案

1. 施肥问题及施肥原则　当前露地甘蓝施肥存在的主要问题：

（1）不同田块有机肥施用量差异较大，盲目偏施氮肥现象严重，钾肥施用量不足，施用时期和方式不合理。

（2）施肥存在"重大量元素，轻中量元素"现象，影响产品品质。

（3）过量灌溉造成水肥浪费的问题普遍，氮肥利用率较低。

针对上述问题，提出以下施肥原则：

（1）合理施用有机肥，有机肥与化肥配合施用；氮磷钾肥的施用应遵循控氮、稳磷、增钾的原则。

（2）肥料分配上以基、追结合为主；追肥以氮肥为主，合理配施钾素；注意在莲座期至结球后期适当喷施钙、硼等中微量元素，防止"干烧心"等病害的发生。

（3）与高产栽培技术，特别是节水灌溉技术结合，以充分发挥水肥耦合效应，提高肥料利用率。

2. 施肥建议

（1）基肥一次施用优质农家肥 2 吨/亩。

（2）产量水平大于 6 500 千克/亩：氮肥（N）为 18~20 千克/亩，磷肥（P_2O_5）为 8~10 千克/亩，钾肥（K_2O）为 14~16 千克/亩；产量水平为 5 500~6 500 千克/亩：氮肥（N）为 15~18 千克/亩，磷肥（P_2O_5）为 6~8 千克/亩，钾肥（K_2O）为 12~14 千克/亩。产量水平为 4 500~5 500 千克/亩：氮肥（N）为 13~15 千克/亩，磷肥（P_2O_5）为 4~6 千克/亩，钾肥（K_2O）为 8~10 千克/亩。氮钾肥 30%~40%基施，60%~70%在莲座期和结球初期分 2 次追施，磷肥全部作基肥条施或穴施。

（3）对往年"干烧心"发生较严重的地块，注意控氮补钙，可于莲座期至结球后期叶面喷施 0.3%~0.5%的 $CaCl_2$ 溶液 2~3 次；对于缺硼的地块，可基施硼砂 0.5~1 千克/亩，或叶面喷施 0.2%~0.3%的硼砂溶液 2~3 次。同时可结合喷药喷施 2~3 次 0.5%的磷酸二氢钾,以提高甘蓝的净菜率和商品率。

二、萝卜施肥方案

1. 施肥问题及施肥原则　当前萝卜生产中存在的主要施肥问题包括:重氮磷肥轻钾肥施用,氮磷钾比例失调;磷钾肥施用时期不合理;有机肥施用明显不足;微量元素施用的重视程度不够等。针对上述问题,提出以下施肥原则:

(1) 依据土壤肥力条件和目标产量,优化氮、磷、钾肥数量,特别注意调整氮、磷肥用量,增施钾肥。

(2) 石灰性土壤有效锰、锌、硼、钼等微量元素含量较低,应注意微量元素的补充。

(3) 合理施用有机肥料明显提高萝卜产量和改善品质,忌用没有充分腐熟的有机肥料施入农田,提倡施用商品有机肥及腐熟的农家肥。

2. 施肥建议

(1) 有机肥施用量:产量水平为 1 000～1 500 千克/亩的小型萝卜(如四季萝卜)可施有机肥 1 米³/亩;产量水平为 4 500～5 000 千克/亩的高产品种施有机肥 2～3 米³/亩。

(2) 产量水平为 4 500 千克/亩:氮肥(N)为 15～18 千克/亩,磷肥(P_2O_5)为 5～7 千克/亩,钾肥(K_2O)为 12～14 千克/亩;产量水平为 2 500～3 000 千克/亩:氮肥(N)为 10～13 千克/亩,磷肥(P_2O_5)为 4～6 千克/亩,钾肥(K_2O)为 10～12 千克/亩;产量水平为 1 000～1 500 千克/亩:氮肥(N)为 6～9 千克/亩,磷肥(P_2O_5)为 3～5 千克/亩,钾肥(K_2O)为 8～10 千克/亩。若基肥没有施用有机肥,可酌情增加氮肥(N)为 3～5 千克/亩和钾肥(K_2O)为 2～3 千克/亩。

(3) 全部有机肥做基肥施用,氮肥总量的 40％做基肥、60％于莲座期和肉质根生长前期分 2 次做追肥施用;磷钾肥料全部做基肥施用,或 2/3 钾肥做基肥,1/3 于肉质根生长前期追施。

(4) 对于容易出现硼元素缺乏的地块,或往年已表现有缺硼症状的田块,可于播种前每亩基施硼砂 1 千克,或于萝卜生长中后期用 0.1％～0.5％的硼砂或硼酸水溶液进行叶面喷施(也可混入农药一起喷),每隔 5～6 天喷一次,连喷 2～3 次。

三、设施番茄施肥方案

1. 施肥问题与施肥原则　施肥存在的主要问题是:

(1) 过量施肥现象普遍,氮、磷、钾化肥用量偏高,土壤氮、磷、钾养分积累明显。

(2) 养分投入比例不合理,非石灰性土壤钙、镁、硼等元素供应存在障碍。

(3) 过量灌溉导致养分损失严重。

(4) 连作障碍等导致土壤质量退化严重,养分吸收效率下降,蔬菜品质下降。

针对这些问题,提出以下施肥原则:

①合理施用有机肥,调整氮、磷、钾化肥数量,非石灰性土壤及酸性土壤需补充钙、镁、硼等中微量元素。

②根据作物产量、茬口及土壤肥力条件合理分配化肥，大部分磷肥基施、氮钾肥追施；早春生长前期不宜频繁追肥，重视花后和中后期追肥。

③与高产栽培技术结合，提倡苗期灌根，采用"少量多次"的原则，合理灌溉施肥。

④土壤退化的老棚需进行秸秆还田或施用高 C/N 比的有机肥，少施禽粪肥，增加轮作次数，达到除盐和减轻连作障碍目的。

2. 施肥建议

（1）育苗肥：增施腐熟有机肥，补施磷肥，每 10 米^2 苗床施经过腐熟的禽粪为 60～100 千克，钙镁磷肥为 0.5～1 千克，硫酸钾 0.5 千克，根据苗情喷施 0.05％～0.1％尿素溶液 1～2 次。

（2）基肥施用优质有机肥 2～3 米^3/亩。产量水平为 8 000～10 000 千克/亩：氮肥（N）为 30～40 千克/亩，磷肥（P_2O_5）为 15～20 千克/亩，钾肥（K_2O）为 40～50 千克/亩；产量水平为 6 000～8 000 千克/亩：氮肥（N）为 20～30 千克/亩，磷肥（P_2O_5）为 10～15 千克/亩，钾肥（K_2O）为 30～35 千克/亩；产量水平为 4 000～6 000 千克/亩：氮肥（N）为 15～20 千克/亩，磷肥（P_2O_5）为 8～10 千克/亩，钾肥（K_2O）为 20～25 千克/亩。

（3）70％以上的磷肥作基肥条（穴）施，其余随复合肥追施，20％～30％氮钾肥基施，70％～80％在花后至果穗膨大期间分 3～10 次随水追施，每次追施氮肥（N）不超过 5 千克/亩。

（4）菜田土壤 pH＜6 时易出现钙、镁、硼缺乏，可基施硝酸钙肥 40～50 千克/亩、硫酸镁 4～6 千克/亩，根外补施 2～3 次 0.1％硼肥。

四、设施黄瓜施肥方案

1. 施肥问题与施肥原则　设施黄瓜的种植季节分为冬春茬、秋冬茬和越冬长茬，其施肥存在的主要问题是：

（1）盲目过量施肥现象普遍，施肥比例不合理，过量灌溉导致养分损失严重。

（2）连作障碍等导致土壤质量退化严重，根系发育不良，养分吸收效率下降，蔬菜品质下降。

（3）菜田施用的有机肥多以畜禽粪为主，不利于土壤生物活性的提高。

针对上述问题，提出以下施肥原则：

（1）增施有机肥，提倡施用优质有机堆肥，老菜棚注意多施含秸秆多的堆肥，少施禽粪肥，实行有机—无机配合和秸秆还田。

（2）依据土壤肥力条件和有机肥的施用量，综合考虑环境养分供应，适当调整氮磷钾化肥用量。

（3）采用合理的灌溉技术，遵循少量多次的灌溉施肥原则，实行推荐施肥应与合理灌溉紧密结合，采用膜下沟灌、滴灌等方式，沟灌每次每亩灌溉不超过 30 米^3，沙土不超过 20 米^3，滴灌条件下的灌溉施肥次数可适当增加，而每次的灌溉量需相应减少。

（4）定植后苗期不宜频繁追肥，可结合灌根技术施用 0.5～1.0 千克/亩的磷肥

（P_2O_5）；氮肥和钾肥分期施用，少量多次，避免追施磷含量高的复合肥，重视中后期追肥，每次追施量不超过5～6千克/亩。

2. 施肥建议

（1）育苗肥：增施腐熟有机肥，补施磷肥，每10米^{2}苗床施用腐熟有机肥为60～100千克，钙镁磷肥为0.5～1千克，硫酸钾0.5千克，根据苗情喷施0.05%～0.1%尿素溶液1～2次。

（2）基肥施用优质有机肥3～4米^3/亩。产量水平为14 000～16 000千克/亩：氮肥（N）为45～50千克/亩，磷肥（P_2O_5）为20～25千克/亩，钾肥（K_2O）为40～45千克/亩；产量水平为11 000～14 000千克/亩：氮肥（N）为37～45千克/亩，磷肥（P_2O_5）为17～20千克/亩，钾肥（K_2O）为35～40千克/亩；产量水平为7 000～11 000千克/亩：氮肥（N）为30～37千克/亩，磷肥（P_2O_5）为12～16千克/亩，钾肥（K_2O）为30～35千克/亩；产量水平为4 000～7 000千克/亩：氮肥（N）为20～28千克/亩，磷肥（P_2O_5）为8～11千克/亩，钾肥（K_2O）为25～30千克/亩。

设施黄瓜全部有机肥和磷肥做基肥施用，初花期以控为主，全部的氮肥和钾肥按生育期养分需求定期分6～11次追施，每次追施氮肥数量不超过5千克N/亩；秋冬茬和冬春茬的氮钾肥分6～7次追肥，越冬长茬的氮、钾肥分10～11次追肥。如果是滴灌施肥，可以减少20%的化肥，如果大水漫灌，每次施肥则需要增加10%～20%的肥料数量。

第七章 耕地地力调查与评价应用研究

第一节 耕地资源合理配置研究

一、耕地数量与人口发展现状分析

2011 年耕地 30.9 万亩,人口数量 84 893 人,人均耕地为 3.6 亩,高于全国 1.4 亩/人的平均水平。但隰县耕地质量普遍较低,农产品产量不高,加之退耕还林、撂荒和公路等基础设施建设不断占用耕地,导致耕地数量与人口增长的实际需求不适应。

从土地利用现状看,隰县的非农建设用地利用粗放,节约集约利用空间大。我们要正确把握县域人口、经济发展与耕地资源配置的密切联系和内在规律,妥善处理保障发展与保护耕地的关系,统筹土地资源开发、利用、保护,促进耕地资源的可持续利用。一是科学控制人口增长;二是树立全民节地观念,开展村级内部改造和居民点调整,退宅还田;三是开发复垦土地后备资源和废弃地等,增大耕地面积;四是加强耕地地力建设。

二、耕地地力与粮食生产能力现状分析

(一)耕地粮食生产能力

耕地是人类获取食物的重要基地,耕地生产能力是决定粮食产量丰歉的重要因素之一。近年来,受人口、经济增长等因素的影响,耕地减少、粮食需求量增加。人口与耕地、粮食矛盾突出,不容乐观。保证粮食需求,挖掘耕地生产潜力已成为建设现代农业生产中的首要任务。耕地的生产能力分为现实生产能力和潜在生产能力。

1. 现实生产能力 全县耕地总面积30.9 万亩。2011 年,全县粮食播种面积为31.4 万亩,蔬菜播种面积3 990 亩,果树种植面积11.4 万亩。详见表7 - 1。

表 7 - 1 隰县 2011 年主要作物产量统计

作 物	总产量(吨)	平均单产(千克/亩)
玉 米	50 891.9	214.7
豆 类	1 157.0	73.2
谷 子	2 970.0	131.0
薯 类	3 959.6	185.6
蔬 菜	3 682.5	922.9
果 树	35 958.5	316.5

2. 潜在生产能力分析 隰县土地资源较为丰富,土质较好,光热资源充足。适宜种植粮食及瓜果、菜等各种作物。经过对全县地力等级的评价,全县现有耕地中,一级地14 015.56 亩,占总耕地面积的 4.54%;二级地 26 561.79 亩,占总耕地面积的 8.60%;

三级地 58 518.03 亩，占总耕地面积的 18.94％；四级地 85 791.9 亩，占总耕地面积的 27.76％；五级地 109 114.8 亩，占总耕地面积的 35.31％；六级地 14 994.71 亩，占总耕地面积的 4.85％。所有耕地中，高产田 14 015.56 亩，占总耕地面积的 4.54％；中低产田 294 981.23 亩，占耕地总面积的 95.47％。耕地基础条件差，农田设施不配套，干旱瘠薄，是造成全县现实生产能力偏低的现状。

纵观全县近年来的粮食、油料、蔬菜的平均亩产量和全县农民对耕地的经营状况，全县耕地还有巨大的生产潜力可挖。如果在农业生产中加大有机肥的投入，采取科学施肥措施和科学合理的耕作技术，全县耕地的生产能力还可以提高。通过近几年隰县对马铃薯、谷子、玉米等作物配方施肥观察点经济效益的对比，配方施肥区较习惯施肥区的增产率都为 8％左右。只要我们进一步提高农业投入比重，提高劳动者素质，下大力气加强农业基础建设，特别是农田水利建设，就能稳步提高耕地综合生产能力和产出能力，实现农民增收。

（二）粮食安全警戒线

粮食是人类生存和社会发展最重要的产品，具有特殊的战略意义。粮食安全不仅是国民经济持续健康发展的基础，也是社会安定、国家安全的重要组成部分。2008 年的世界粮食危机给一些国家经济发展和社会安定造成严重的负面影响，为我们再次敲响了警钟。然而，近年来随着农资价格上涨、种粮效益下降等因素影响，农民种粮积极性普遍不高，粮食产量徘徊不前，所以各级部门必须对全县的粮食问题给予高度重视。

三、合理配置耕地资源

进行耕地资源的合理配置，是实现粮食生产安全和农业持续健康发展的重要措施。因此，在确保粮食生产安全的前提下，应当进一步优化耕地资源的利用结构，合理配置各种作物的种植比例。同时，在耕地资源利用上必须坚持耕地总量的动态平衡原则，做到"占一补一"。具体措施是：

（1）完善耕地保护制度，用法律措施保护耕地。

（2）明确各级政府的责任，严控非法占用耕地。

（3）建立监督检查追责制度，严厉打击无证经营和乱占耕地的单位和个人，并对失职人员进行追责。

（4）建立耕地保护和奖励基金，用于耕地的保护及开发。

（5）合理调整用地结构，用市场经营利益导向调控耕地。

另外，在耕地资源优化配置的同时，还要将其最大限度与农业增效、农民增收耕地质量改善和耕地利用率提高相统一。

第二节　耕地地力建设与土壤改良利用对策

一、耕地土壤养分现状

经过历时 3 年对隰县耕地地力调查与评价，基本查清了全县耕地土壤养分状况。

隰县耕地土壤有机质平均含量为 11.7 克/千克；全氮平均含量为 0.87 克/千克；有效磷平均含量为 8.6 毫克/千克；缓效钾平均含量为 887 毫克/千克；速效钾平均含量为 143 毫克/千克；有效铜平均含量为 0.75 毫克/千克；有效锌平均含量为 0.79 毫克/千克；有效铁平均含量为 3.84 毫克/千克；有效锰平均值为 4.88 毫克/千克；有效硼平均含量为 0.38 毫克/千克；有效硫平均含量为 19.49 毫克/千克。

随着农业生产的发展及施肥、耕作经营管理水平的变化，耕地土壤有效磷及大量元素也随之变化。与 1985 年全国第二次土壤普查时的耕层养分测定结果相比，23 年间，土壤有机质增加了 1.1 克/千克，全氮增加了 0.31 克/千克，有效磷增加了 2.09 毫克/千克，速效钾增加了 39 毫克/千克。

二、存在主要问题及原因分析

（一）中低产田面积较大

依据《山西省中低产田划分与改良技术规程》调查，全县中低产田面积大。主要原因：一是自然条件因素。全县地形复杂，坡、沟、梁、峁、垣俱全，缓坡梯田、坡耕地水土流失严重；二是农田基本建设投入不足，改造措施力度不够；三是水利资源开发利用不充分，配置不合理，水利设施不完善；四是农民没有自觉改造中低产田的积极性。

（二）农民培肥观念差，重用轻养

种粮效益低，农民没有"养地"的积极性，造成科技投入不足，耕作管理粗放，耕地生产率低。

（三）施肥结构不合理

在农作物施用肥料上存在的问题，突出表现在"四重四轻"：第一，重经济作物，轻粮食作物；第二重成本较低的单质肥料，轻价格较高的专用肥料、复混肥料；第三，重化肥轻农家肥；第四、重氮、磷肥使用，轻钾肥。

三、耕地培肥与改良利用对策

（一）多种渠道提高土壤肥力

1. 增施有机肥，提高土壤有效磷　近年来，由于农家肥源不足和化肥的大量施用，全县耕地有机肥施用量呈逐年下降的趋势。采取以下措施加以解决：①广种饲草，增加畜禽，以牧养农。②种植绿肥，实施绿肥压青。③大力推广作物秸秆还田。

2. 合理轮作　通过不同作物合理轮作倒茬，保障土壤养分平衡。大力推广粮、油轮作，玉米、大豆立体间套作等技术模式，实现土壤养分协调利用。

（二）测土配方施肥

1. 巧施氮肥　速效性氮肥极易分解，通常施入土壤中的氮素化肥的利用率只有25%～40%。这说明施入土壤中的氮素，挥发渗漏损失严重。所以，在施用氮肥时，一定注意施肥量、施肥方法和施肥时期，提高氮肥利用率，减少损失。

2. 稳施磷肥　隰县土壤多属石灰性土壤，土壤中的磷常被固定，而不能发挥肥效。

加上长期以来群众重氮轻磷，作物吸收的磷得不到及时补充。试验证明，在缺磷土壤上增施磷肥增产效果明显。可以增施人粪尿、畜禽肥等有机肥，其中的有机酸和腐殖酸促进非水溶性磷的溶解，提高磷素的活力。

3. 因地施用钾肥 全县土壤中钾的含量处于中等水平，在短期内不会成为农业生产的主要限制因素，但随着农业生产进一步发展和作物产量的不断提高，土壤中有效钾的含量也会处于不足状态，定期监测土壤中钾的动态变化，及时补充钾素。

4. 重视施用微肥 作物对微量元素肥料的需要量虽然很少，但对提高农产品产量和品质却有大量元素不可替代的作用。据调查，全县土壤硼、锌、铁、铜、锰等含量均不高。因作物合理补施微肥，增产效果很明显。如玉米施锌等。

（三）因地制宜，改良中低产田

隰县中低产田面积比较大，影响了耕地产出水平。因此，要从实际出发，针对不同类型的中低产田，对症下药，分类改良。具体改良措施，详见本书第五章第二节《中低产田类型分布及改良利用措施》。

第三节　农业结构调整与适宜性种植

近年来，隰县的农业结构调整取得了突出的成绩，但农业基础设施薄弱，靠天吃饭的局面没有取得根本性的扭转。为适应 21 世纪我国现代农业发展的需要，增强隰县优势农产品参与国际市场竞争的能力，有必要对全县的农业结构现状进行进一步的战略性调整，从而促进全县优质、高效农业的发展。

一、农业结构调整的原则

隰县在调整种植业结构中，应遵循下列原则：

一是力争与国际农产品市场接轨，增强全县农产品在国际、国内经济贸易的竞争力。

二是利用不同区域的生产条件、技术装备水平及经济基础，充分发挥地域优势。

三是利用耕地评价成果，合理粮、经作物的耕地配置。

四是采用耕地资源管理信息系统，为区域结构调整的可行性提供宏观决策与技术服务。

五是保持行政村界线的基本完整。

二、农业结构调整的依据

根据此次耕地质量的评价结果，隰县的种植业内部结构调整，主要依据不同耕地类型综合生产能力综合考虑，具体为：

一是按照三大不同地貌类型，因地制宜规划，在布局上做到宜农则农，宜林则林，宜牧则牧。

二是按照 1～6 个耕地等级来分布适宜性作物，以发挥其最大生产潜力。

三、种植业布局分区建议

根据隰县种植业布局分区的原则和依据，结合本次耕地地力调查与质量评价结果，隰县划分为四大种植区，分区概述：

（一）河川果、菜种植区

1. 区域特点　交通便利，地势平坦，土壤肥沃，耕性良好。水土流失轻微，地下水位较浅，水源比较充足，属机井灌溉区，水利设施好。年平均气温 8.8℃，年降水 570.9 毫米，无霜期 160～170 天，气候温和，热量充足，可一年两作。园田化水平高，农业生产条件优越，农业生产水平较高，是隰县的粮、菜、果主产区。

2. 种植业发展方向　本区以建设无公害设施蔬菜基地为主攻方向。大力发展一年两作高产高效粮田；扩大设施蔬菜面积，适当发展梨、苹果等水果。在现有基础上，优化结构，建立无公害生产基地。

3. 主要保障

（1）加大土壤培肥力度，全面推广多种形式秸秆还田，以增加土壤有效磷，改良土壤理化性状。

（2）注重作物合理轮作，坚决杜绝多年连茬。

（3）搞好基地建设，通过标准化建设、模式化管理、无害化生产技术应用，使基地取得明显的经济效益和社会效益。

（二）垣地粮、果种植区

1. 区域特点　本区土地坡度平缓，多高标准水平梯田。园田化水平较高，土层深厚。机械化程度高。

2. 种植业发展方向　建设无公害小杂粮、苹果、梨基地。

3. 主要保障措施

（1）广辟有机肥源，增施有机肥。合理施用化肥。

（2）实现田、林、路、井、渠五配套，提高土地综合生产能力。

（3）合理轮作倒茬，科学管理。

（三）川、谷、沟地玉米、杂粮种植区

1. 区域特点　地势低凹，地下水位高，年降水 570 毫米左右，一年一作，该区是隰县玉米主产区。

2. 种植业发展方向　以玉米生产、杂粮为主。

3. 主要保障措施

（1）建设河坝，完善排灌系统，做到蓄丰补欠，旱涝保收。

（2）千方百计增施有机肥，搞好测土配方施肥，增加微肥的施用。

（3）对土层较薄的河滩地，实行人工堆垫，加厚土层。

（四）山地、丘陵杂粮种植区

1. 区域特点　以丘陵、梁、峁、坡为主，多为缓坡梯田。年均气温 10℃以上的积温 2 914℃，年降水 570 毫米，无霜期 150 天，一年一作。

2. 种植业发展方向　以谷子、马铃薯、豆类为主。

3. 主要保证措施

（1）玉米、杂粮良种良法配套，增加产出，提高品质，增加效益。

（2）大面积推广秸秆还田，有效提高土壤有效磷含量。

（3）加强缓坡梯田农田整治，防止水土流失。

第四节　耕地质量管理对策

耕地地力调查与质量评价成果为隰县耕地质量管理提供了依据，耕地质量管理决策的制定，成为全县农业可持续发展的核心内容。

一、建立依法管理体制

（一）工作思路

以发展优质高效、生态、安全农业为目标，以耕地质量动态监测管理为核心，以土壤地力改良利用为重点，通过农业种植业结构调查，合理配置现有农业用地，逐步提高耕地地力水平，满足人民日益增长的农产品需求。

（二）建立完善行政管理机制

1. 制订总体规划　坚持"因地制宜、统筹兼顾，局部调整、挖掘潜力"的原则，制订全县耕地地力建设与土壤改良利用总体规划，实行耕地用养结合，划定中低产田改良利用范围和重点，分区制定改良措施，严格统一组织实施。

2. 建立以法保障体系　制定耕地质量管理办法，设立专门监测管理机构，县、乡、村三级设定专人监督指导，分区布点，建立监控档案，依法检查污染区域项目治理工作，确保工作高效到位。

3. 加大资金投入　县政府要加大资金支持，县财政每年从农发资金中列支专项资金，用于全县中低产田改造和耕地污染区域综合治理，建立财政支持下的耕地质量信息网络，有效推进工作。

（三）强化耕地质量建设的技术措施

1. 提高土壤肥力　组织县、乡农业技术人员实地指导，组织农户合理轮作，平衡施肥，安全施药、施肥，推广秸秆还田、种植绿肥、施用生物菌肥，多种途径提高土壤肥力，降低土壤污染，提高土壤质量。

2. 改良中低产田　实行分区改良，重点突破。灌溉改良区重点抓好灌溉配套设施的改造，节水浇灌、挖潜增灌，扩大浇水面积。丘陵、山区中低产区要广辟肥源，深耕保墒，轮作倒茬，粮草间作，扩大植被覆盖率；修整梯田，保水保肥，达到增产增效目标。

二、建立和完善耕地质量监测网络

随着隰县工业化进程的加快，工业污染日益严重，在重点工业生产区域建立耕地质量监测网络已迫在眉睫。

1. 设立组织机构　耕地质量监测网络建设，涉及环保、土地、水利、经贸、农业等多个部门，需要县政府协调支持，成立依法行政管理机构。

2. 配置监测机构　由县政府牵头，各职能部门参与，组建县耕地质量监测领导小组，在县环保局下设办公室，设定专职领导与工作人员，建立企业治污工程体系，制定工作细则和工作制度，强化监测手段，提高行政监测效能。

3. 加大宣传力度　采取多种途径和手段，加大《环保法》宣传力度，在重点污排企业及周围乡村印刷宣传广告，大力宣传环境保护政策及科普知识。

4. 监测网络建立　依据这次耕地质量调查评价结果，在全县划定安全、非污染、轻污染、中度污染、重污染五大区域，每个区域确定10～20个点，定人、定时、定点取样监测检验，填写污染情况登记表，建立耕地质量监测档案。对污染区域的污染源，要查清原因，由县耕地质量监测机构依据检测结果，强制企业污染限期限时达标治理。对未能限期达标企业，一律实行关停整改，达标后方可生产。

5. 加强农业执法管理　由县农业、环保、质检行政部门组成联合执法队伍，宣传农业法律知识，对市场化肥、农药实行市场统一监控、统一发布，将假冒农用物资一律依法查封销毁。

6. 改进治污技术　对不同污染企业采取烟尘、污水、污碴分类，科学处理转化。对工业污染河道及周围农田，采取有效物理、化学降解技术，降解铅、镉及其他重金属污染物，并在河道两岸50米栽植花草、林木，净化河水，美化环境；对化肥、农药污染农田，要划区治理，积极利用农业科研成果，组成科技攻关组，引试降解剂，逐步消解污染物。

7. 推广农业综合防治技术　在增施有机肥降解大田农药、化肥及垃圾废弃物污染的同时，积极宣传推广微生物菌肥，以改善土壤的理化性状，改变土壤溶液酸碱度，改善土壤团粒结构，减轻土壤板结，提高土壤保水、保肥性能。

三、国家惠农政策与耕地质量管理

免除农业税费、粮食直补、良种补贴等一系列惠农政策的落实，极大调动了农民种植粮食生产积极性，成为农民自觉提高耕地质量的内在动力，对全县耕地质量建设具有推动作用：

1. 加大耕地投入，提高土壤肥力　目前，隰县丘陵面积大，中低产田分布区域广，粮食生产能力较低。随着各项惠农政策的出台，鼓励农民自觉增加科技投入，实现耕地用养协调发展。

2. 改进农业耕作技术，提高土壤生产性能　鼓励农民精耕细作，科学管理，提高耕地地力等级水平。

3. 采用先进农业技术，增加农业比较效益　应用有机旱作农业技术，合理优化适栽技术，加强田间管理，实现节本增效。

农民以田为本，以田谋生，农业税费政策出台以后，土地属性发生变化，农民由有偿支配变为无偿使用，成为农民家庭财富的一部分，对农民增收和国家经济发展将起到积极的推动作用。

四、扩大无公害农产品生产规模

在国际农产品质量标准市场一体化的形势下，扩大全县无公害农产品生产成为满足社会消费需求和农民增收的关键。

在隰县发展绿色、无公害农产品，扩大生产规模。以耕地地力调查与质量评价结果为依据，充分发挥区域比较优势，合理布局，调整规模。

（一）理论依据

综合评价结果，隰县适合生产无公害农产品，适宜发展绿色农业生产。

（二）扩大生产规模

在隰县发展绿色无公害农产品，扩大生产规模。以耕地地力调查与质量评价结果为依据，充分发挥区域比较优势，合理布局，调整规模。一是粮食生产上，在全县发展万亩无公害优质谷子；二是在蔬菜生产上，发展设施蔬菜 1 万亩；特色菜 3 万亩；三是在水果生产上，发展无公害水果 15 万亩。

（三）配套管理措施

1. 建立组织保障体系　设立隰县无公害农产品生产领导小组，下设办公室，地点在县农委。组织实施项目列入县政府工作计划，单列工作经费，由县财政负责执行。

2. 加强质量检测体系建设　成立县级无公害农产品质量检验技术领导小组，县、乡下设两级监测检验的网点，配备设备及人员，制定工作流程，强化监测检验手段，提高检测检验质量，及时指导生产基地技术推广工作。

3. 制定技术规程　组织技术人员建立全县无公害农产品生产技术操作规程，重点抓好平衡施肥，合理施用农药，细化技术环节，实现标准化生产。

4. 打造绿色品牌　重点实施好无公害小杂粮、梨等生产。

五、加强农业综合技术培训

自 20 世纪 80 年代起，隰县就建立起县、乡、村三级农业技术推广网络。县农业技术推广中心牵头，搞好技术项目的组织与实施，负责划区技术指导，行政村配备 1 名科技副村长，在全县设立农业科技示范户。先后开展了玉米、小杂粮、梨、蔬菜等优质高产高效生产技术培训，推广了旱作农业、秸秆覆盖、地膜覆盖及设施蔬菜"四位一体"综合配套技术。

目前，隰县有机旱作、测土配方施肥、节水灌溉、生态沼气、无公害蔬菜生产技术推广已取得明显成效。充分利用这次耕地地力调查与质量评价成果，主抓以下几方面技术培训：①加强宣传农业结构调整与耕地资源有效利用的目的及意义；②全县中低产田改造和土壤改良相关技术推广；③耕地地力环境质量建设与配套技术推广；④绿色、无公害农产品生产技术操作规程；⑤农药、化肥安全施用技术培训；⑥农业法律、法规、环境保护相关法律的宣传培训。

通过技术培训，使全县农民掌握一定的理论应用到农业中，推动耕地地力建设、农业生态环境建设和耕地质量环境的保护，发挥主观能动性，不断提高全县耕地地力水平，以满足日益增长的人口和物资生活需求，为全面建设小康社会打好农业发展基础平台。

第五节　耕地资源管理信息系统的应用

耕地资源信息系统以一个县行政区域内耕地资源为管理对象。应用 GIS 技术，对辖区内的地形、地貌、土壤、土地利用、农田水利、土壤污染、农业生产基本情况、基本农田保护区等资料进行统一管理，构建耕地资源基础信息系统；并将其数据平台与各类管理模型结合，对辖区内的耕地资源进行系统的动态管理，为农业决策、农民和农业技术人员提供耕地质量动态变化规律、土壤适宜性、施肥咨询、作物营养诊断等多方位的信息服务。

本系统行政单元为村，农业单元为基本农田保护块，土壤单元为土种，系统基本管理单元为土壤、基本农田保护块、土地利用现状叠加所形成的评价单元。

一、领导决策依据

这次耕地地力调查与质量评价直接涉及耕地自然要素、环境要素、社会要素及经济要素 4 个方面，为耕地资源信息系统的建立与应用提供了依据。通过全县生产潜力评价、适宜性评价、土壤养分评价、科学施肥、经济性评价、地力评价及产量预测，及时指导农业生产的发展，为农业技术推广应用作好信息发布，为用户需求分析及信息反馈打好基础。主要依据：一是全县耕地地力水平和生产潜力评估为农业远期规划和全面建设小康社会提供了保障；二是耕地质量综合评价，为领导提供了耕地保护和污染修复的基本思路，为建立和完善耕地质量检测网络提供了方向；三是耕地土壤适宜性及主要限制因素分析为全县农业调整提供了依据。

二、动态资料更新

这次全县耕地地力调查与质量评价中，耕地土壤生产性能主要包括地形部位、土体构型、较稳定的物理性状、易变化的化学性状、农田基础建设 5 个方面。耕地地力评价标准体系与 1984 年土壤普查技术标准出现部分变化，耕地要素中基础数据有大量变化，为动态资料更新提供了新要求。

（一）耕地地力动态资源内容更新

1. 评价技术体系有较大变化　这次调查与评价主要运用了"3S"评价技术。在技术方法上，采用文字评述法、专家经验法、模糊综合评价法、层次分析法、指数和法；在技术流程上，应用了叠置法确定评价单元，空间数据与属性数据相连接，采用德尔菲法和模糊综合评价法，确定评价指标，应用层次分析法确定各评价因子的组合权重，用数据标准化计算各评价因子的隶属函数并将数值进行标准化，应用了累加法计算每个评价单元的耕地力综合评价指数,分析综合地力指数,分布划分地力等级,将评价的地方等级归入农业部地力等级体系,采取 GIS、GPS 系统编绘各种养分图和地力等级图等图件。

2. 评价内容有较大变化 除原有地形部位、土体构型等基础耕地地力要素相对稳定以外,土壤物理性状、易变化的化学性状、农田基础建设等要素变化较大,尤其是土壤容重、有效磷、pH、有效磷、速效钾指数变化明显。

3. 增加了耕地质量综合评价体系 土样、水样化验检测结果为全县绿色、无公害农产品基地建立和发展提供了理论依据。图件资料的更新变化,为今后全县农业宏观调控提供了技术准备,空间数据库的建立为全县农业综合发展提供了数据支持,加速了全县农业信息化快速发展。

(二)动态资料更新措施

结合这次耕地地力调查与质量评价,全县及时成立技术指导组,确定专门技术人员,从土样采集、化验分析、数据资料整理编辑,电脑网络连接畅通,保证了动态资料更新及时、准确,提高了工作效率和质量。

三、耕地资源合理配置

(一)目的意义

多年来,隰县耕地资源盲目利用,低效开发,重复建设情况十分严重。随着农业经济发展方向的不断延伸,农业结构调整缺乏借鉴技术和理论依据。这次耕地地力调查与质量评价成果对指导全县耕地资源合理配置,逐步优化耕地利用质量水平,对提高土地生产性能和产量水平具有现实意义。

隰县耕地资源合理配置思路是:以确保粮食安全为前提,以耕地地力质量评价成果为依据,以统筹协调发展为目标,用养结合,因地制宜,内部挖潜,发挥耕地最大生产效益。

(二)主要措施

1. 加强组织管理,建立健全工作机制 县上要组建耕地资源合理配置协调管理工作体系,由农业、土地、环保、水利、林业等职能部门分工负责,密切配合,协同作战。技术部门要抓好技术方案制定和技术宣传培训工作。

2. 加强农田环境质量检测,抓好布局规划 将企业列入耕地质量检测范围。企业要加大资金投入和技术改造,降低"三废"对周围耕地污染,因地制宜大力发展绿色、无公害农产品优势生产基地。

3. 加强耕地保养利用,提高耕地地力 依照耕地地力等级划分标准,划定隰县耕地地力分布界限;推广平衡施肥技术,加强农田水利基础设施建设,平田整地,淤地打坝,中低产田改良;植树造林,扩大植被覆盖面,防止水土流失,提高梯(园)田化水平。采用机械耕作,加深耕层,熟化土壤,改善土壤理化性状,提高土壤保水保肥能力。划区制定技术改良方案,将全县耕地地力水平分级划分到村、到户,建立耕地改良档案,定期定人检查验收。

4. 重视粮食生产安全,加强耕地利用和保护管理 根据隰县农业发展远景规划目标,要十分重视耕地利用保护与粮食生产之间的关系。人口不断增长，耕地逐年减少，要解决好建设与吃饭的关系，合理利用耕地资源，实现耕地总面积动态平衡，解决人口增长与耕地矛盾，实现农业经济和社会可持续发展。

总之，耕地资源配置，主要是各土地利用类型在空间上的整体布局；另一层含义是指同一土地利用类型在某一地域中是分散配置还是集中配置。耕地资源空间分布结构折射出其地域特征，而合理的空间分布结构可在一定程度上反映自然生态和社会经济系统间的协调程度。耕地的配置方式，对耕地产出效益的影响截然不同，经过合理配置，农村耕地相对规模集中，既利于农业管理，又利于减少投工投资，耕地的利用率将有较大提高。

一是严格执行《基本农田保护条例》，增加土地投入，大力改造中低产田，使农田数量与质量稳步提高；二是园地面积要适当调整，淘汰劣质果园，发展优质果品生产基地；三是林草地面积适量增长，加大四荒拍卖开发力度，种草植树，力争森林覆盖率达到30%。搞好河道、滩涂地有效开发，增加可利用耕地面积。加大小流域综合治理，在搞好耕地整治规划的同时，治山治坡、改土造田、基本农田建设与农业综合开发结合进行；要采取措施，严控企业占地，严控农村宅基地占用一级、二级耕田，加大废旧砖窑和农村废弃宅基地的返田改造；盘活耕地存量调整，"开源"与"节流"并举，加快耕地使用制度改革。实行耕地使用证发放制度，促进耕地资源的有效利用。

四、科学施肥体系与灌溉制度的建立

（一）科学施肥体系建立

隰县测土配方施肥工作起步较晚，20 世纪 80 年代初为半定量的初级配方施肥；90 年代以来，有步骤定期开展土壤肥力测定，逐步建立了适合全县不同作物、不同土壤类型的施肥模式。在施肥技术上，提倡"增施有机肥，稳施氮肥，增施磷，补施钾肥，配施微肥和生物菌肥"。

1. 调整施肥思路　以节本增效为目标，立足抗旱栽培，着力提高肥料利用率，采取"适氮、稳磷、补钾、配微"原则，坚持有机肥与无机肥相结合，合理调整养分比例，按耕地地力与作物类型分期供肥，科学施用。

2. 施肥方法　①因土施肥。不同土壤类型保肥、供肥性能不同。对全县垣地、丘陵旱地，土壤的土体构型为通体壤或"蒙金型"，一般将肥料作基肥一次施用效果最好；对部分沙壤土采取少量多次施用；②因品种施肥。肥料品种不同，施肥方法也不同。对碳酸氢铵等易挥发性化肥，必须集中深施覆盖土，一般为 10～20 厘米，硝态氮肥易流失，宜做追肥，不宜大水漫灌；尿素为高浓度中性肥料，做底肥和叶面喷肥效果最好，在旱地做基肥集中条施。磷肥易被土壤固定，常做基肥和种肥，要集中沟施，且忌撒施土壤表面；③因苗施肥。对基肥充足，生长旺盛的田块，要少量控制氮肥，少追或推迟追肥时期；对基肥不足，生长缓慢田块，要施足基肥，多追或早追氮肥；对后期生长旺盛的田块，要控氮补磷施钾。

3. 选定施用时期　因作物选定施肥时期。玉米追肥宜选在拔节期和大喇叭口期施肥，同时可采用叶面喷施锌肥。

在作物喷肥时间上，要看天气施用，要选无风、晴朗天气，上午 8：00～9：00 或下午 16：00 以后喷施。

4. 选择适宜的肥料品种和合理的施用量施肥 在品种选择上，增施有机肥、高温堆沤积肥、生物菌肥；严格控制硝态氮肥施用，忌在忌氯作物上施用氯化钾，提倡施用硫酸钾肥，补施铁肥、锌肥、硼肥等微量元素化肥。在化肥用量上，要坚持无害化施用原则。

（二）灌溉制度的建立

隰县水资源短缺，主要采取抗旱节水灌溉为主。

1. 旱地区集雨灌溉模式 主要采用有机旱作技术模式，深翻耕作，加深耕层，平田整地，提高园（梯）田化水平；地膜覆盖，垄际集雨纳墒，秸秆覆盖蓄水保墒，高灌引水，节水管灌等配套技术措施，提高旱地农田水分利用率。

2. 扩大井水灌溉面积 水源条件较好的旱地，打井造渠，利用分畦浇灌或管道渗灌、喷灌，节约用水，保障作物生育期一次透水。井灌区要修整管道，按作物需水高峰期浇灌，全生育期保证 2～3 水，满足作物生长需求。切忌大水漫灌。

（三）体制建设

在隰县建立科学施肥与灌溉制度，农业、技术部门要严格细化相关施肥技术方案，积极宣传和指导；水利部门要抓好淤地打坝、井灌配套等基本农田水利设施建设，提高灌溉能力；林业部门要加大荒坡、荒山植树植被、绿色环境，改善气候条件，提高年际降雨量；农业环保部门要加强基本农田及水污染的综合治理，改善耕地环境质量和灌溉水质量。

五、信息发布与咨询

耕地地力与质量信息发布与咨询，直接关系到耕地地力水平的提高，关系到农业结构调整与农民增收目标的实现。

（一）体系建立

以县农业技术部门为依托，在省、县农业技术部门的支持下，建立耕地地力与质量信息发布咨询服务体系，建立相关数据资料展览室，将全县土壤、土地利用、农田水利、土壤污染、基本农业田保护区等相关信息融入电脑网络之中，充分利用县、乡两级农业信息服务网络，对辖区内的耕地资源进行系统的动态管理，为农业生产和结构调整做好耕地质量动态变化、土壤适宜性、施肥咨询、作物营养诊断等多方位的信息服务。在乡村建立专门试验示范生产区，专业技术人员要做好协助指导管理，为农户提供技术、县场、物资供求信息，定期记录监测数据，实现规范化管理。

（二）信息发布与咨询服务

1. 农业信息发布与咨询 重点抓好小杂粮、玉米、梨、蔬菜、中药材等适栽品种供求动态、适栽管理技术、无公害农产品化肥和农药科学施用技术、农田环境质量技术标准的入户宣传、编制通俗易懂的文字、图片发放到每家每户。

2. 开辟空中课堂抓宣传 充分利用覆盖全县的电视传媒信号，定期做好专题资料宣传，并设立信息咨询服务电话热线，及时解答和解决农民提出的各种疑难问题。

3. 组建农业耕地环境质量服务组织　在全县乡村选拔科技骨干及村干部，统一组织耕地地力与质量建设技术培训，组成农业耕地地力与质量管理服务队，建立奖罚机制，鼓励他们谏言献策，提供耕地地力与质量方面信息和技术思路，服务于全县农业发展。

4. 建立完善执法管理机构　成立由县土地、环保、农业等行政部门组成的综合行政执法决策机构，加强对全县农业环境的执法保护。开展农资市场打假，依法保护利用土地，监控企业污染，净化农业发展环境。同时配合宣传相关法律、法规，让群众家喻户晓，自觉接受社会监督。

第六节　隰县谷子标准化生产的对策研究

一、培肥措施

一是加强田间整治，取高垫低，防治水土流失；机械深耕，加厚耕作层。

二是增施有机肥，提倡有机无机相结合；依据土壤丰缺指标，适当增减化肥用量，注意磷肥、硼肥的施用。

三是肥料施用要与无公害栽培技术相结合。

二、采用标准化生产技术

1. 范围　本标准规定了绿色食品谷子生产的产地环境、产品质量标准及栽培技术规程。本标准适用于绿色食品谷子生产。

2. 标准的引用

NY/T 394—2000　绿色食品　肥料使用准则

NY/T 393—2000　绿色食品　农药使用准则

GB/T 8321（所有部分）　农药合理使用准则

GB 4285　农药安全使用标准

GB/T 8232—1987　粟（谷子）

NY/T 391—2000　绿色食品　产地环境条件

GB 4404.1—1996　粮食作物种子　禾谷类

3. 产地环境和土壤气候条件

（1）产地环境：应符合 NY/T 391—2000 规定。

产地应选择在空气、水质、土壤无污染和生态条件良好的地域。加强保护产地周围的生态环境，严禁开设有污染的工厂，控制生活污水，使绿色食品的产地具有可持续发展能力。

（2）土壤条件：选择有机质 12 克/千克、全氮 0.8 克/千克以上、有效磷 15 毫克/千克、速效钾 80 毫克/千克以上、阳光充足、通风透气条件好的石灰性褐土种植谷子。

（3）气候条件：年平均气温 8.8℃，平均日温差 12.1℃，稳定通过 10℃以上的活动积温 3 914℃；年平均日照时数 2 293.9 小时，5～9 月月平均 220.3 小时；年降水量 534.2 毫米，无霜期平均 170 天。

4. 绿色食品谷子质量标准　在产地环境符合 NY/T 391—2000 的规定、农药使用符合 NY/T 393—2000 的规定、肥料使用符合 NY/T 394—2000 的规定条件下生产的、符合 GB/T 8232 标准的谷子。

5. 栽培技术规程

（1）轮作倒茬：实行 3 年以上的轮作制度，轮作方式：谷子→玉米→谷子；谷子→大豆→马铃薯→谷子；谷子→玉米→青饲料→谷子。谷子的前茬以豆类、油菜最好，玉米、马铃薯次之。

（2）整地施肥（蓄水保墒）：

①秋收后浅耕灭茬，然后深耕 20 厘米以上，结合耕翻施入高质量农肥、磷肥和钾肥。在秋作物收获后，结合秋耕每亩深施农家肥为 6 000～8 000 千克，钙镁磷肥 50 千克，硫酸钾为 10～15 千克。早春结合浅耕，每亩施尿素 16 千克。随耕随耙耱。

②春季顶凌耙地，破除板结。

③播前 5～10 天，浅犁塌墒，打碎坷垃，随耕翻施入氮肥，每亩用 3 千克磷酸二铵或尿素作种肥，在播种时随种子施在沟内。如果土壤干旱可不施或少施种肥，同时将种子与肥料适当分开。耕后带耙。

④播前 2～3 天，干土层在 4～6 厘米，土壤含水量达不到 12% 时必须镇压，压后耙耱。

（3）选用优种：选择高产、优质、抗逆性强、适应性广的品种，种子质量符合 GB 4404.1—1996要求。隰县应以晋谷 21 为主干品种，示范种植晋谷 27 和张杂谷 5 号。

（4）种子处理：

①晒种。播前选晴天，将种子摊放在席上 2～3 厘米厚度，翻晒 2～3 天。

②"三洗"种子。"三洗"即首先把谷种倒入清水中，搅拌后漂去秕谷、草籽和杂质，然后捞出下沉的谷子倒入 10% 的盐水中，捞去漂在水面上的秕粒、半秕粒，最后用清水冲洗 2～3 遍，除去种子表面的盐分。

③药剂拌种。用种子重量的 0.3% 的 25% 瑞毒霉可湿性粉剂拌种，防止白发病；用种子量 0.2%～0.3% 的 75% 粉锈宁或 50% 多菌灵可湿性粉剂拌种，防止黑穗病。

（5）播种：

①适期播种。一般地膜覆盖谷子 5 月上旬播种，露地春谷 5 月中旬播种。

②播种深度。土壤墒情好的可适当浅些、墒情差的可适当深些；早播可深些，晚播可浅些，一般播深 3～5 厘米。

③播种方式。a. 地膜覆盖谷子采用膜际条播种植，应用厚 0.007～0.008 毫米、宽 40 厘米的聚乙烯地膜，实行宽窄行种植，宽行 40 厘米、窄行 30～33 厘米。b. 大田谷子用楼播或机播。

④播量。每亩用种 0.5～0.75 千克。

⑤施种肥。每亩用 3 千克磷酸二铵或尿素作种肥，在播种时随种子施在沟内。如果土壤干旱可不施或少施种肥，同时将种子与肥料适当分开。

（6）科学管理：

①全苗壮苗。播种后表层土壤含水量为 12% 以下，随播随砘压，然后隔 2～3 天再砘压

1 次；土壤含水量为 12％以上时，播后隔天砘压 1 次即可。在未出苗前遇雨及时破除板结。

②间苗定苗。出苗后发现缺苗及早进行浸种催芽补种，3～4 片真叶时间苗，5～6 片真叶时定苗。

③合理密植。高水肥地亩留苗 3 万～3.5 万株；中等肥力地亩留苗 2.5 万～3 万株；旱垣坡地亩留苗 1.5 万～2 万株。

④中耕除草。整个生长期中耕 3～4 次，深度掌握"头遍浅、二遍深、三遍四遍不伤根"的原则。第一次中耕，结合间定苗浅锄（3～5 厘米），固土稳苗；第二次中耕，谷子 8～9 片真叶时结合清垄，深中耕 6 厘米以上；第三次浅中耕（5 厘米左右），同时高培土、防倒伏。

⑤浇水。水地谷子拔节期浇第一水，孕穗抽穗期浇第二水；旱地谷子抽穗前，每亩叶面喷 200 千克清水。

⑥追肥。

a. 根部追肥　旱地结合降雨，在拔节孕穗期每亩追施尿素为 7.5～10 千克。有灌溉条件的谷田，追肥后及时浇水。

b. 叶面喷肥　灌浆期对生长旺盛的谷子，每亩叶面喷施 0.2％磷酸二氢钾溶液 50～60 千克；对生长较差的谷子每亩叶面喷施 2％尿素溶液和 0.2％磷酸二氢钾混合液 50～60 千克。齐穗前 7 天，所有谷子用 300～400 毫克/千克浓度的硼酸液 100 千克叶面喷洒，间隔 10 天，再喷 1 次。

⑦适期收获。颖壳变黄，谷穗断青，籽粒变硬，及时收获。

6. 配方施肥

（1）施肥原则：施肥应符合 NY/T 394—2000 的规定。

（2）允许使用的肥料种类：

①农家肥。包括堆肥、沤肥、厩肥、沼气肥、绿肥、作物秸秆肥、混肥、饼肥，施用前必须进行高温沤制，充分腐熟后方可使用。

②商品肥料。包括商品有机肥、腐殖酸类肥、微生物肥、有机复合肥、无机肥料、叶面肥料（叶面肥中不得含有化学成分的生长调节剂）、有机无机肥、掺合肥，商品肥料质量指标应达到国家有关标准的要求。

③在化肥与有机肥、复合微生物肥料配合使用情况下（有机氮与无机氮之比不超过 1：1），允许使用化学肥料（氮、磷、钾）。

（3）不允许使用的肥料种类：

①禁止使用硝态氮肥。

②城市生活垃圾不经无害化处理，不许施入田地。

（4）施肥方法：

①基肥。在秋作物收获后，结合秋耕每亩深施农家肥为 6 000～8 000 千克，钙镁磷肥 50 千克，硫酸钾为 10～15 千克。早春结合浅耕，每亩施尿素 16 千克。

②种肥。每亩用 3 千克磷酸二铵或尿素作种肥，在播种时随种子施在沟内。如果土壤干旱可不施或少施种肥，同时将种子与肥料适当分开。

③追肥。

a. 根部追肥　旱地结合降雨，在拔节孕穗期每亩追施尿素为 7.5～10 千克。有灌溉条件的谷田，追肥后及时浇水。

b. 叶面喷肥　灌浆期对生长旺盛的谷子，每亩叶面喷施 0.2% 磷酸二氢钾溶液 50～60 千克；对生长较差的谷子每亩叶面喷施 2% 尿素溶液和 0.2% 磷酸二氢钾混合液 50～60 千克。齐穗前 7 天，所有谷子用 300～400 毫克/千克浓度的硼酸液 100 千克叶面喷洒，间隔 10 天，再喷 1 次。

7. 病虫防治

(1) 主要病虫草害种类：

①主要病害种类。白发病、黑穗病。

②主要虫害种类。粟灰螟、粟茎跳甲、黏虫。

(2) 防治方法：病虫害的防治坚持"预防为主，综合防治"的植保方针，根据有害生物综合防治的基本原则，采用抗（耐）病品种为主，以农业防治为重点，物理、生物、化学防治有机结合的综合防治措施。

①农业防治。在选用抗病品种、搞好种子检疫的基础上，合理轮作倒茬，造墒保墒，适期播种，适当浅播，播种后覆土，不要过厚，增施氮磷钾肥料，结合中耕除草，彻底拔除病株、残株、虫株，带出田外深埋或烧毁，冬春彻底刨烧谷茬，及时处理谷草，消灭越冬幼虫。

②物理防治。用糖醋酒液（按糖：醋：酒：水＝3：4：1：2 配成诱剂，并加入诱剂量 0.5% 的 90% 晶体敌百虫）诱杀或用杨树枝把（谷草把）诱蛾产卵，每天日出前用扑虫网套住树枝将虫振落于网内杀死，每亩插设 5～6 个杨树枝把（谷草耙），5 天更换 1 次。

③生物防治。利用天敌和生物农药防治。

④化学防治。应符合 NY/T 393—2000、GB 4285 和 GB/T 8321（所有部分）规定。

a. 绿色谷子生产禁止使用农药　严禁使用剧毒、高毒、高残留或具有三致毒性（致癌、致畸、致突变）的农药（表 7 - 2），严禁使用基因工程品种（产品）及制剂；每种有机合成农药在一种作物的生长期内只允许使用 1 次。

表 7 - 2　绿色谷子生产禁止使用的农药

种　　类	农药品种	禁用原因
有机氯杀虫剂	滴滴涕、六六六、林丹、甲氧滴滴涕、硫丹	高残毒
有机磷杀虫剂	甲拌磷、乙拌磷、久效磷、对硫磷、甲基对硫磷、甲胺磷、甲基异柳磷、治螟磷、氧化乐果、磷胺、地虫硫磷、灭克磷（益收宝）、水胺硫磷、氯唑磷、硫线磷、杀扑磷、特丁硫磷、克线丹、苯线磷、甲基硫环磷	剧毒、高毒
氨基甲酸酯杀虫剂	涕灭威、克百威、灭多威、丁硫克百威、丙硫克百威	高毒、剧毒或代谢物高毒
二甲基甲脒类杀虫杀螨剂	杀虫脒	慢性毒性、致癌
卤代烷类熏蒸杀虫剂	二溴乙烷、环氧乙烷、二溴氯丙烷、溴甲烷	致癌、致畸、高毒
有机砷杀菌剂	甲基胂酸锌（稻脚青）、甲基胂酸钙胂（稻宁）、甲基胂酸铁铵（田安）、福美甲胂、福美胂	高残毒

（续）

种　类	农药品种	禁用原因
有机锡杀菌剂	三苯基醋酸锡（薯瘟锡）、三苯基氯化锡、三苯基氢氧化锡（毒菌锡）	高残留、慢性毒性
有机汞杀菌剂	氯化乙基汞（西力生）、醋酸苯汞（赛力散）	剧毒、高残毒
取代苯类杀菌剂	五氯硝基苯、稻瘟醇（五氯苯甲醇）	致癌、高残留
2，4-D 类化合物	除草剂或植物生长调节剂	杂质致癌
二苯醚类除草剂	除草醚、草枯醚	慢性毒性
植物生长调节剂	有机合成的植物生长调节剂	

b. 绿色谷子生产常用农药　具体见表7-3、表7-4。

表 7-3　绿色谷子生产常用杀虫剂

农　药			主要防治对象	每亩每次制剂施用量或稀释倍数	施药方法	施药距收获的天数（安全间隔期）（天）	实施要点说明
通用名	商品名	剂型及含量					
杀螟丹	巴丹	50%可溶性粉剂	粟灰螟、粟茎跳甲	40～100 克	喷雾	21	—
喹硫磷	爱卡士	25%乳油	粟灰螟、粟茎跳甲	150～200 毫升	喷雾	14	—
敌百虫		90%	粟灰螟、粟茎跳甲、黏虫	1 000～1 500 倍液	喷雾	20	—
灭幼脲	灭幼脲三号	25%悬浮剂	黏虫	40 毫升	喷雾	15	—
氯唑磷	米乐尔	3%	粟灰螟、粟茎跳甲	1 000 克	撒施	28	拌毒土撒施
溴氰菊酯	敌杀死	2.5%乳油	黏虫、蚜虫	10～15 毫升	喷雾	15	—
氯氟氰菊酯	功夫	2.5%乳油	黏虫、蚜虫	10～20 毫升	喷雾	15	—

表 7-4　绿色谷子生产常用杀菌剂

农　药			主要防治对象	每亩每次制剂施用量或稀释倍数	施药方法	施药距收获的天数（安全间隔期）（天）	实施要点说明
通用名	商品名	剂型及含量					
三唑酮	粉锈宁	25%可湿性粉剂	白发病	28～33 克	喷雾	20	—
丙环唑	敌力脱	25%乳油	白发病	33.2 毫升	喷雾	28	—
甲基硫菌灵	甲基托布津	70%可湿性粉剂	红叶病、黑穗病	71～100 克	喷雾	30	不得与铜制剂混用
萎锈灵	卫福	40%悬浮剂	黑穗病	2.8 克/千克种子	拌种	—	—
瑞毒霉	—	25%可湿性粉剂	白发病	3 克/千克种子	拌种	—	—
多菌灵	—	50%可湿性粉剂	黑穗病	3 克/千克种子	拌种	—	—

c. 病害化学防治　用种子重量的 0.3% 的 25% 瑞毒霉可湿性粉剂拌种，防止白发病；用种子量 0.2%～0.3% 的 75% 粉锈宁或 50% 多菌灵可湿性粉剂拌种，防止黑穗病。

d. 虫害化学防治　在粟灰螟幼虫 3 龄前（尚未钻蛀茎秆）用 90% 晶体敌百虫1 000～1 500倍液喷雾防治，兼治粟茎跳甲；黏虫幼虫 2～3 龄前，谷田有虫 20～30 头/

米²时，用 Bt 乳剂 200 倍液喷雾防治或每亩用 2.5％敌杀死乳油 15 毫升喷雾防治。
DB 141027/T 002—2003。

第七节　隰县核桃标准化生产的对策研究

一、栽植办法

1. 栽植核桃选地是关键　核桃树为暖温带落叶果树，喜光、喜肥、根系发达，要求土壤肥力条件好。

2. 核桃品种选择及授籽树配置　早实、矮冠、短枝型品种有新早丰、西林 2 号、辽核 1 号，中林 5 号、鲁光、丰辉；早实中性较旺品种有香玲、中林 1 号、中林 6 号、绿波、扎 343、辽核 3 号、辽核 4 号、薄壳香等；晚实品种有晋龙 1 号。

授粉树配置以 8 行主栽品种配 1 行授粉树为宜。

3. 苗木、良种壮苗　优先选择优良品种嫁接苗，其次选择健壮的实先苗（以后改接换优），苗木规格：1 米以上，直径 2.5 厘米。

4. 栽植时间　在保墒较好的地区，春栽比秋栽好，且栽后不需防寒；在干旱地区，秋栽比春栽好，栽后要埋土防寒越冬。

5. 栽植的密度　晚实乔化品种 5 米×7 米（每亩 19 株）早实矮化优良品种 4 米×6 米（每亩 28 株）。

6. 栽植方法　先施入基肥，以农家肥为好，每株 25 千克最好是苗木随起随栽，随挖穴随栽，用湿土填实，栽后灌 1 次水，树盘用地膜覆盖，增加肥力，促进根系恢复再生。

7. 幼苗越冬管理　尤其是秋栽的幼树要采取以下几项措施：

（1）幼树弯倒埋土越冬。

（2）合理施肥，前促后控，秋喷 B₉ 等抑制生长剂。

（3）喷洒和涂抹保护剂，可避免抽条。

二、实生核桃嫁接换种技术规程

1. 核桃树龄选择　幼树类树龄为 10 年以下，包括新定植的幼树，初结果树类应全部嫁接。

2. 品种的选择和授粉树的配置　在隰县平川地带选择早实优良品种，丘陵山区选择晚实优良品种，主栽品种与授粉树隔行配置，比例 3∶1 或 5∶1。必须选择雌先型和雄先型品种，品种不宜选择过多，建立品种档案，便于坚果按品种采收和管理。

3. 砧木选择　应在 10 年以下，树势旺盛，主干 2 米以下，砧木接口直径为 5～10 厘米可插 2～3 个接穗，干在 50 厘米以上高接头数不少于 4～5 个，最多 8～10 个，干周 40 厘米以下，不少于 2～3 个，干周 20 厘米以下可单头嫁接。

4. 地形选择　立地条件好，生长健壮的树可进行嫁接。

5. 接穗采集　发芽前 20～30 天采集，粗度 1.5 厘米左右，髓心小，枝条充实，芽饱满，50～100 条为 1 捆，埋在背阴处 5℃以下的低沟内保存。

6. 嫁接时间 以萌芽后新梢长至 2～3 厘米时最为适宜。隰县地区为 4 月上中旬。

7. 伤流控制 接口伤流影响高接成活，可采取下部放水的办法予以防止，其方法是：高接前在干基或主枝基部 20 厘米以上螺旋形斜锯 2～3 个锯口，深度为（枝）直径的 1/5～1/4，锯口上下错开。

8. 嫁接方法

（1）插皮接：接穗没有离皮时多采用此法嫁接。

①接穗的削取：选取木质充实的接穗，剪至长 12～15 厘米的枝段，上端留有 2～3 个饱满芽（包括副芽）下端削成 5～8 厘米马耳形切面，削面要平滑，然后将削面两侧的皮层少削去部分露出新皮为度，前端削成薄舌状（便于向砧木皮层与木质部之间插入）待用。

②砧木的处理：选改接树枝，干平直光滑处，将上端截去，然后利用刀将断面削平，在接两侧横削 2～3 厘米的月牙状切口，待接穗插入。

③插入接口：将已削好的马耳形接穗，沿砧木的月牙切口向下慢慢插入层与木质之间，插入深度以结合牢固和少露部分接穗切面（1～1.5 厘米）俗称露白为宜。

④接穗的固定：当接穗插入砧木后，若砧木接口处的直径为 4 厘米以下，可用麻绳或塑料绳绑 4～5 圈绑紧，绑牢为度；若砧木直径超过 5 厘米以上，砧木接口处的接穗，可用长 2～3 厘米的铁钉 2～3 个固定也可。

⑤接穗的保湿和遮阴：待接穗在接口处固定后，随即用长 25～30 厘米、直径 10～15 厘米的塑料袋，从接穗的上端套至接口处，袋的下口要覆盖住接穗插入的下部砧木皮层，然后将袋内的空气排出，用麻绳或塑料绳将膜袋的下口绑紧同时将砧穗一起绑牢。塑料袋的上端要出接穗 4～5 厘米，塑料袋一定要封闭好的不露气（常用食品袋），随后用 8～16 开报纸卷一纸筒套在塑料袋的外面，上下扎紧即可。

（2）插皮舌接：

①接穗的削取：待接穗离皮时可用此法，接穗的切削同插皮接。

②砧木的处理：砧木的处理基本同插皮接，插皮舌接可在插入接穗处削去砧木的粗老树皮露出嫩皮（削剩下 2～3 毫米厚的嫩皮），砧木接口处削皮长略长于接穗马耳形切面长度。

③插入接穗：将已削好的马耳形接穗的皮层轻轻揭离木质部，要将接穗的木质部插入已削好的砧木月牙状切口的形成层部位（皮与木质部之间），接穗剥离的皮层正好覆盖在砧木纵削的嫩皮上，深度同插皮接。

④接穗的固定：同插皮接。

⑤接穗的保湿与遮阴：同插皮接。

9. 接后管理

（1）放风：接后 20～25 天，接穗开始发芽，抽枝展叶，这时每隔 2～3 天观察 1 次，对展叶的可将膜袋的上端打开一小口，让嫩梢尖端伸出，上端的放风口由小到大不可一次打开，更不能过早把袋子去掉；若接芽尚没萌芽或萌芽较短，可把塑料袋和纸袋的上口扎紧，待芽萌发新梢伸长后再打开放风。

（2）除萌：当接穗芽子已萌发后，要及时除掉砧木上的萌芽，以免影响接穗的生长。若接穗上的芽子不能萌发（芽枯死、脱落等），砧木上的芽子可适当保留一部分，以便恢复树冠待 2 年后再改接，否则会导致砧木死亡。

（3）放风折：当新梢生长到 30 厘米左右时，要及时在接口处绑缚长 1.5 米左右的支柱，将新梢轻轻绑缚在支柱上以防风折，随着新梢的加长要绑缚 2～3 次。

（4）松绑：接后 2～3 个月（6 月下旬至 7 月上旬）要将接口处的捆绑材料松绑 1 次（不要把绑缚材料去掉，用铁钉固定的勿松绑），否则会影响接口的加粗生长，8 月上旬可将绑缚材料全部去掉。

三、整形修剪

1. 修剪时期

（1）采收后到叶片变黄之前。

（2）春枝展叶以后。

2. 幼树整形修剪

（1）主干疏层形：有明显的中心领导干，主枝 6～7 个，分三层螺旋形着生在中心领导干上，形成半圆形，或圆锥形。

做法是：

定干：有间作物，干高 1.5～2.0 米。

无间作物，干高 0.8～1.2 米。

主枝栽后 2～3 年分枝时，可选留第一层三大主枝，早实核桃分枝多，可早此留成。三大主枝应临近着生，层内距 40～60 厘米，水平角 120°左右，基角 55°～65°，腰角 70°～80°，梢角 60°～70°，栽后 4～5 年选留第二层主枝（2 个），层间距 1.5～2 米，小冠形保持 1～1.5 米，第三层选留 1～2 个，与第二层间距 80～100 厘米，各层次枝要上下错开，插空选留，以免重叠。

侧枝、着生结果枝的重要部位，一定适当错开，第一层主枝上各留 2～3 个倒枝，第二层主枝各留 1～2 个，第三层主枝选择 1 个基部主枝的第一侧第一枝尽量同向选留，第一侧枝距中心干 80～100 厘米，第二侧枝距第一侧 40～60 厘米，第三侧枝距第二侧枝 80 厘米，侧枝与主枝水平夹角 45°～50°为宜。

（2）自然开心形：无明显中心领导干，树形成形快，结果早，常见有三大、四大、五大主枝开心形，一般指三大主枝开心形，整形时，先多后少，从中选合适的三大主枝，主枝上着生侧枝，侧枝上着生枝组，尽量提高光能利用率，平衡三大主枝的生长势，抑强扶弱。

3. 结果树的修剪 核桃定植后 8～10 年开始进入结果期（无性系苗提早 3～5 年），这时各级骨干枝尚未全部配齐，生长仍很旺盛，树冠还在扩大，结果逐年增多。修剪的主要内容是：一方面继续培养主、侧枝，调整各级骨干枝的生长势，使骨架牢固，长势均衡，树冠圆满，准备将来负担更多的产量；另一方面应在不影响骨干枝生长的前提下，充分利用辅养枝早结果，早丰产。

核桃一般 15 年左右进入盛果期，是一生中产量最高的时期，土壤管理条件好，盛果期可维持 30~50 年。盛果期树冠扩大速度缓慢，并逐渐停止，树姿开张，随着产量的增加，外围枝绝大多数成为结果枝，结果部位外移，生长和结果之间的矛盾表现突出。管理条件不良时，外围枝增多，通风透光不良，营养分配失调，外围枝条下垂，内膛小枝干枯，主枝基部秃裸。修剪的主要内容是：继续培养丰产树形，改善通风透光条件，调整生长和结果的关系，防止结果部位外移，继续培养和安排好各类结果枝组，保持良好的生长和结果能力，延长盛果期年限，获得高产稳产。

（1）各级骨干枝和外围枝的修剪：主干疏散分层形到一定高度可利用三叉枝逐年落头去顶，最上层主枝代替背后枝；开始盛果期，各主枝还继续扩大生长，仍需要各级骨干枝的培养，及时控制背后枝，保持枝头的长势。当相邻树头相碰时，可疏剪外围，转主换头。先端衰弱下垂时，应及时回缩，抬高角度，复壮枝头。盛果期大树外围枝已大部成为结果枝；由于连年分生，常出现密挤、交叉和重叠现象，要适当疏间和适时回缩，对下垂枝、细雨弱枝、雄花枝、干枯枝和病虫枝，应及时早从基部疏除。通过这样处理，可改善内膛光照条件，做到"外围不挤，内膛不空"。

（2）结果枝组的培养和修剪：结果枝组是盛果期大树结果的主要部位，因而结果枝应该在初果期和盛果期即着手培养和选择，以后主要是枝组的调整和复壮。结果枝组的培养方法在以下几种：

①着生在骨干枝上的大中型辅养枝，经回缩后改造成大、中型结果枝组。

②利用有分枝的强壮发育枝，采取去强留弱，去直留平的修剪方法，培养成中、小型结果枝组。

③利用部分长势中庸的徒长枝培养成内膛结果枝组。

结果枝组的修剪，首先要对有碍主、侧枝生长，影响通风透光的枝组进行回缩，过密的可以疏除。为防止内秃外移，应不断更新枝组，即多数为结果母枝时用壮枝带头继续发展，空间较小的可去直留斜，缩剪到向侧面生长的分枝上，引向两侧生长，缓和生长势。背上枝组重剪使斜生。长势较弱的枝头，下垂的枝组，要去弱留强，去老留新，抬高枝角，使其复壮。

（3）徒长枝的利用：盛果后期树势逐渐衰老，内膛萌发大量徒长枝，生长过强、处理不及时，使内膛郁闭、扰乱树形，甚大形成树上长树，影响光照，消耗养分。若处理及时，控制得当，可利用徒长枝培养结果枝组，充满内膛，补充空间，增加结果部位。衰老树上还利用徒长枝培养成接班枝，更换枝头，使老树更新复壮。

4. 放任生长树的改造修剪

（1）放任生长树的表现：

①大枝过多，层次不清，枝条紊乱，从属关系不明。主枝多轮生、叠生、并生。第一层主枝常有 4~7 个，盛果期树中心干弱。

②由于主枝延伸过长，先端密挤，基部秃裸，造成树冠郁闭，通风透光不良，内膛枝细弱，逐渐干枯死亡，导致内膛空虚，结果部位外移。

③结果枝细弱，连续结果能力降低，甚大形不成花芽，从大枝的中下部萌生大量徒长枝，形成自然更新，重新构成树冠，连续几年产量很低。

（2）放任生长树的改造方法：

①树形的改造：放任生长的树形多种多样，应本着"因树修剪，随枝作形"的原则，根据具体情况区别对待。中心干明显的树改造为主干疏层形；中心领导干很弱或无中心干的树改造为自然开心形。

②大枝的选留：大枝过多是一般放任生长树的主要矛盾，应该首先解决好。修剪前要对树体进行全面分析，通盘考虑，重点疏除密挤的重叠、并生枝、交叉和病虫害危害枝。主干疏层树留5～7个主枝，主要是第一层要选留好，一般可考虑到3个或4个；自然开心形处理。40～50年生的大树，只要不是疏大枝过多，一般一次去掉较多的大枝，虽然当时显得空一些，但内膛枝组很快占满，实现立体结果；对于较旺的壮龄树，则应分年疏除，否则引起长势更旺。

③中型枝的处理：中心枝组是指着生在中心领导枝和主枝上的多年生枝。在大枝除掉后，总体上大大改善了通风透光条件，为复壮树势充实内膛创造了条件，但在局部仍显得密挤。所以，对中心枝也要及时得理，处理时要选留一定数量的侧枝，其余的枝条采取疏间和回缩相结合的方法，疏间过密枝、重叠枝和回缩延伸过长的下垂枝，使其抬高角度。中型枝处理原则是大枝疏除较多，中型枝则少除，否则去掉的中型枝可一次疏除。

④外围枝的调整：大、中型枝处理后，已经基本上解决了枝量过多的问题，但外围枝是冗长细弱的，有些成下垂枝，必须适度回缩，抬高角度，增强长势。衰老树的外围枝大部分是中短果枝和雄花枝，应适当疏间和回缩，用粗壮的枝条带头。

⑤结果枝组的调整：当树体营养得到调整，通风透光条件得到改善后，结果枝组有复壮的机会。这时应对结果枝组进行调整，其原则是根据树体结构、空间大小、枝组尖型（大、中、小型）和枝组的生长势来确定。对于枝组过多密的树，要选留生长势壮的枝组，疏除衰弱的枝组。对有空间的枝组可适当回缩，抬高角度，用壮枝带头，继续发展空间小可在有生长能力的分枝处缩剪，充实空间。枝组内部的一年生枝修剪，要疏弱留强，留强壮的中长果枝结果，以维持连年结果。

⑥内膛枝组的培养：利用内膛徒长枝进行改造。常用培养（改造）结果枝组的方法有二：一是先放后缩，即对中庸徒长枝第一年放，第二年缩剪，将枝组引向两侧；二是先截后放，对中庸徒长枝，先短截，种进分枝，然后再对分枝适当处理，第一年留5～7个芽重短截，第二年除直立旺长枝，用较弱枝当头并缓放，促其成花结果。

内膛枝组的配备数量应根据具体情况而定，一般来说枝组间的距离应保持60～100厘米，做到大、中、小相间，交错排列，小树旺树尽量少留背上枝组，衰弱老树可适当多留一些。

（3）放任生长树的分年改造：根据各地生产实践，放任树的改造大致可分为3年完成，以后可按常规修剪方法进行。

第一年：以疏除过多的大枝为主，从整体上解决树冠郁闭的问题，改善树体结构，复壮树势。这一年修剪量大，一般盛果末期的大树，修剪量（以剪下任一个一年生枝为单位）应掌握为40～50个，过轻，树势不能很快复壮；过重，生长失调，影响产量。

第二年：以调整外围枝和处理中型枝为主。

第三年：以结果枝组的整理复壮的培养内膛结果枝组为主。

上述修剪量，必须根据立地条件、树龄、树势、枝量多少而定，灵活掌握，不可千篇一律，各大、中、小枝的处理也必须全盘考虑，有机地配合。

5. 人工辅助授粉的时间和方法

（1）花粉采集：核桃雄花序即将开放或初放时，采集后置于通风的炕上摊开，要求炕温 16～20℃ 为好，经 1～2 天后花粉自然散出，用铁筛将花粉筛出，放在干燥的容器中，贮存在冷凉的低温处待用。

（2）授粉方式和方法。抖授：当雌花开放时，以 1 份花粉加 10 份填充剂（滑石粉、甘薯粉等）混合后，放在双层纱布内，用竹签或木棍挑起，于 8：00～11：00 时在树上抖动授粉；序授：用初花、盛花期的雄花序，扎成束直接在树上抖授或将成束雄花序挂在树上。

6. 疏除过多雄花芽 落花落果是核桃产量低而不稳的重要原因之一。除加强土肥水管理，合理修剪、人工辅助授粉外，人工疏雄可提高座果率，增加核桃产量效果明显。

7. 疏雄时间、方法和疏雄量 当核桃雄花萌芽膨大时（呈桑葚状）去雄效果最佳，座果率可高达 77.7％，此时为 3 月下旬至 4 月上旬（春分至谷雨）。疏雄的方法主要是用手指模去或用木钩去掉雄芽。疏雄量一般以疏除全树雄花芽的 70％～90％ 较为适宜。

四、核桃丰产管理技术措施

1. 耕作管理

（1）深翻熟化，每年深翻一次，提高土壤保水肥能力，增加透气性，避免旱荒。结合施肥年年深翻 1 次。

（2）刨树盘，每年进行 3～4 次，春季发芽前 1 次，雨季 1 次深度 15 厘米，秋季在采收后落叶前深 25 厘米，树盘要大于树冠枝影面积，里低外高。

（3）中耕除草，无间作物，要中耕 2～3 次，有间作物可结合种植间作物进行中耕。

2. 施肥管理

（1）核桃不同树龄施肥量见表 7 - 5。

表 7 - 5 核桃不同树龄施肥量

树 龄	氮	磷	钾
1～5 年	100 克/株	少	少
6～10 年	5.3～8 千克/亩·年	6.5～8 千克/亩·年	6.5～8 千克/亩·年
盛果期	8～20 千克/亩·年	6.5～8 千克/亩·年	8～10 千克/亩·年
施肥期	5 月施 1/3，秋 2/3	秋	秋

（2）施肥方法：放射状沟施。以树干为中心，距树干 1.0～1.5 米处，沿水平根方向，向外挖 4～6 条放射状施肥沟，沟宽 40～50 厘米，沟深 30～40 厘米，沟由里到外逐渐加深，沟长随树冠大小而定，一般为 1～2 米。肥料均匀施入沟内，埋好即可。施基肥要深，施追肥可浅些。每次施肥，应错开开沟位置，扩大施肥面。

环状沟施。沿树冠边缘挖环状沟，沟宽 40～50 厘米，沟深 30～40 厘米。此法易挖断水平根，且施肥范围小，适用于幼树。

条状沟施。在树冠外沿两侧开沟，沟宽 40～50 厘米、沟深 30～40 厘米，沟长随树冠大小而定。成龄树根系已布满全园，可将肥料均匀撒在园地，然后深翻入土。此法常施的浅，不利于根系向纵深发展，因而应与放射状沟施，隔年更换使用。

（3）追肥

花前：3 月下旬每株施尿素 1.5 千克/株，过磷酸钙 2.5～4 千克。

花后：5 月上旬，尿素 1～1.5 千克/株，过磷酸钙 2.5～5 千克。

硬核期：6 月下旬，尿素 1～1.5 千克/株，或草木灰 10～15 千克，十分重要，有利于花芽分化。

3. 浇水管理　8 月上旬墒情差时浇 1 次水，秋施基肥后要大水灌透，有条件的 11 月可灌冻水，5 月中旬至 8 月上旬不浇水。

4. 栽培管理　核桃栽培管理见表 7-6。

表 7-6　核桃栽培管理

月份	主要工作
1～2	①刮治腐烂病、介壳虫，剪除枯死枝；②整修地堰，垒好树盘
3	①树冠下深刨 15 厘米，拣出石块，兼治举肢蛾；②株追尿素 1～1.5 千克；③喷波美 3°～5°石硫合剂；④剪取优种 1 年生发育枝中段或基段做接穗、蜡封、贮存
4	①伤流小，易离皮时进行苗木枝接的大树高接；②疏除过多的雄花芽；③苗圃整地、作畦，开沟播种，每亩需种子 100～150 千克
5	①在雌花盛期喷 50 毫克/升赤霉素、500 毫克/升稀土，100 毫克/升硼酸，用以提高座果率；②结果树每株追尿素 1～1.5 千克、过磷酸钙 2～3 千克或 2～3 千克硝酸磷；③完全展叶后处理徒长枝、过密枝；④枝接检查成活，设立支柱，高接换头的防风
6	①重点抓好防治核桃举肢蛾、天牛及瘤蛾的工作；②芽接；③夏季修剪；④大树追施氮、磷肥，有灌溉条件的浇水；⑤中耕除草；⑥高接树除萌，继续设立支柱
7	①地面撒药毒杀举肢蛾脱果幼虫；②防治木蠹蛾、袋蛾、天牛及黑斑病；③追施磷、钾肥；④压绿肥
8	①继续防治举肢蛾、刺蛾；②中耕除草；③高接树摘心，喷多效唑防徒长；④对高接树原来设立的支柱松绑、防止捆绑部位缢伤，松绑后仍应将支柱绑紧（可换捆绑部位）
9	①采收，并将表皮脱去，漂洗、晾晒；②贮藏好坚果，勿使霉烂；③修剪过密枝、病枯枝；④施基肥
10	①继续修剪；②结合施基肥深翻扩穴；③防止浮尘子上树产卵；④高接树除去支柱
11	①苗圃刨苗，并分级假植；②果园深翻，有灌溉条件的浇水；③做好幼树越冬防寒工作
12	①清洁果园清扫枯枝、落叶；②继续完成耕翻、灌水工作（上旬）；③整修地堰、树盘；④封冻前秋播；⑤层积处理种子，树干涂白

第八节　无公害马铃薯生产操作规程与施肥方案

根据无公害食品马铃薯生长技术规程（NY 5221—2005）制定本生产操作规程，适用于隰县无公害蔬菜生产基地内马铃薯的生产。

1. 品种选择与栽培季节

（1）品种选择：马铃薯品种选择表皮光滑、芽眼浅、外观性状好、抗病、丰产、优质、适销对路的脱毒种薯，主要品种有东北白、紫花白、晋薯 7 号等，亩用量 125～150 千克。

（2）栽培季节 5 月上旬至 5 月中旬播种，9 月中旬至 10 月上旬收获。

2. 播种前的准备

（1）整地施肥：禁止使用未经国家和省级部门登记的化学或生物肥料；禁止使用硝态氮肥；禁止使用城市垃圾、污泥、工业废渣。马铃薯的施肥以基肥为主，亩施有机肥 2 500 千克，碳酸氢铵 50 千克，过磷酸钙 50 千克，硫酸钾 20 千克。

（2）种薯处理：

①晒种：把出窖后经过严格挑选的种薯，装在麻袋、塑料网袋里或堆放在空房子、日光温室和仓库等处，使温度保持为 10～15℃，有散射光线即可。经过 15 天左右，当芽眼刚刚萌发动见到小白芽时，就可以切牙播种了，如果种薯数量少，可把种薯摊开为 2～3 层，摆放在光线充足的房间或日光温室里，使温度保持为 10～15℃，让阳光晒着，并经常翻动，当薯皮发绿芽萌动时，就可以切芽播种了。

②切块：切块时注意每个芽块的重量最大达到 50 克（1 两），最小不能低于 30 克（6 钱）。

3. 播种

（1）播种期：地膜覆盖春播马铃薯要求，当 10 厘米深度地温稳定通过 5℃，以达到 6～7℃，较为适宜；一般在 5 月上旬至 5 月中旬播种比较适宜，土壤含水量为 14%～16% 时播种。

（2）播种密度：马铃薯种植以垄（行）距为 60～70 厘米、株距为 24～26 厘米较好。肥水充足植株相对稀植，地力较差，种植相对密一些，亩留苗 3 000～3 500 株。

（3）播种深度：一般播种深度为 8～10 厘米。

（4）播种量：马铃薯的播种量与品种、栽植密度、切块大小及播种方式等有关，一般切块播种每亩用种为 125～150 千克。

4. 田间管理

（1）中耕培土：马铃薯播种后 30 天左右出苗，出苗后应及时查苗补苗，轻锄松土，以利出苗，苗高 12～15 厘米，结合培土进行第二次中耕除草，在封垄前进行第三次中耕培土。

（2）水肥管理：旱地马铃薯一般不追肥浇水，地膜覆盖早熟栽培遇春旱时人工浇水 1 次，同时中耕。

（3）摘除花蕾：花蕾形成花序抽出时，及时摘除。

（4）病虫害防治：

①农业防治：针对主要病虫控制对象，选用高抗多抗的脱毒种薯；实行严格轮作制度，与非茄科作物轮作 3 年以上，在地块周围适当种植高秆作物作防护带；增施充分腐熟的有机肥，少施化肥；清洁田园。

②物理防治：覆盖银灰色地膜驱避蚜虫，利用频振式杀虫灯、性诱剂诱杀成虫。

③化学防治。

a. 晚疫病：用 72% 的克露或 75% 的达科宁任意一种，每亩用量为 100～150 克，加水 50 升稀释，用喷雾器均匀喷施马铃薯苗，每隔 7 天喷 1 次，交替换药，收获前 20 天停止用药。

b. 二十八星瓢虫：用 2.5% 敌杀死或 2.5% 功夫，每亩用药 20～30 毫升，加水 50 升稀释，进行田间喷雾，每隔 7～10 天 1 次，连喷 2～3 次，收获前 15 天停止用药。

5. 收获、包装 适期收获，收获标准为：茎叶有绿变黄，薯块易从茎上脱落；用手指擦薯块，表皮脱落，用刀削薯块，伤口易干燥；收获时要避免损伤薯块，收获的马铃薯要避免暴晒，经暴晒的薯块易腐烂，不耐存储，将达到商品标准要求的块茎分级后统一包装上市。

（1）马铃薯产量为 1 000 千克/亩以下的地块，氮肥（N）用量推荐为 4～5 千克/亩，磷肥（P_2O_5）为 3～5 千克/亩，钾肥（K_2O）为 1～2 千克/亩。亩施农家肥为 1 000 千克以上。

（2）马铃薯产量为 1 000～1 500 千克/亩的地块，氮肥（N）用量推荐为 5～7 千克/亩，磷肥（P_2O_5）为 5～6 千克/亩，钾肥（K_2O）为 2～3 千克/亩。亩施农家肥为 1 000 千克以上。

（3）马铃薯产量为 1 500～2 000 千克/亩的地块，氮肥（N）用量推荐为 7～8 千克/亩，磷肥（P_2O_5）为 6～7 千克/亩，钾肥（K_2O）为 3～4 千克/亩。亩施农家肥为 1 500 千克以上。

（4）马铃薯产量为 2 000 千克/亩以上的地块，氮肥（N）用量推荐为 8～10 千克/亩，磷肥（P_2O_5）为 7～8 千克/亩，钾肥（K_2O）为 4～5 千克/亩。亩施农家肥为 1 500 千克以上。

马铃薯基肥、种肥和追肥施用方法：

（1）基肥：有机肥、钾肥、大部分磷肥和氮肥都应做基肥，磷肥最好和有机肥混合沤制后施用。基肥可以在秋季或春季结合耕地沟施或撒施。

（2）种肥：马铃薯每亩用 3 千克尿素、5 千克普通过磷酸钙混合 100 千克有机肥，播种时条施或穴施于薯块旁，有较好的增产效果。

（3）追肥：马铃薯一般在开花以前进行追肥，早熟品种应提前施用。开花以后不宜追施氮肥，以免造成茎叶徒长，影响养分向块茎的输送，造成减产。可根外喷洒磷钾肥。

第九节　无公害普通白菜（大白菜）生产操作规程与施肥方案

根据无公害食品普通白菜生产技术规程（NY 5213—2004）制定本生产操作规程，适用于隰县无公害蔬菜生产基地内普通白菜的无公害生产。

1. 范围 本标准规定了普通白菜的产地环境要求和生产管理措施。本标准适用于无公害普通白菜生产。

2. 标准的引用

GB 4285　农药安全使用标准

GB/T 8321（所以部分）　农药合理使用准则

NY 5010　无公害食品　蔬菜产地环境条件

3. 产地环境　应符合 NY 5010 规定，选择地势高燥，排灌方便，土层深厚、疏松、肥沃的地块。

4. 生产技术管理

（1）露地土壤肥力等级的划分：根据露地土壤中的有机质、全氮、碱解氮、有效磷、速效钾等含量高低而划分的土壤肥力等级。

（2）栽培季节与品种选择：

①栽培季节。普通白菜 4 月中旬至 5 月上旬播种，7 月中旬至 8 月中旬采收。

②品种选择。普通白菜选择冬性强，不易抽薹的品种。目前生产上常用的品种主要有夏王、春大王、春晓等。

（3）整地施基肥：禁止使用未经国家和省级农业部门登记的化学或生物肥料；禁止使用硝态氮肥；禁止使用城市垃圾、污泥、工业废渣。结合翻地，底施腐熟优质有机肥 5 000 千克，过磷酸钙 50 千克，尿素 20 千克或复合肥 25 千克，翻地后耙平。

（4）播种：

①播种期。在当地晚霜前 4～5 天播种，在隰县一般为 4 月中旬至 5 月上旬播种为宜。

②播种密度。适度密植是保证普通白菜高产稳产的关键，亩留苗一般为 2 500 株左右，即行距 60 厘米，株距 40 厘米为宜。

③播种方法。普通白菜一般采用地膜覆盖直播的方法，按行距铺膜，按株距在膜上打穴，每幅膜上播 2 行，穴位互相错开，穴深 3～4 厘米，然后播种，每穴 2～3 粒种子，播种后点浇小水水渗后覆土，亩用种量 30～40 克。

（5）田间管理：

①查苗、补苗、间苗。在普通白菜出苗时及时查苗、补苗、保证苗全，当普通白菜幼苗长出 2 片真叶时及时间苗、定苗，保证苗壮。

②肥水管理。除施足底肥外，在普通白菜成长过程中要及时追施速效肥料，不可进行蹲苗，促使其快速形成莲座叶和叶球，一般在莲座叶前期和包心前期追施 2 次速效肥料，每次追施尿素 10～15 千克，采收前 30 天停止使用化肥。

③中耕除草。在定苗后和封垄前进行 2 次中耕除草。

（6）病虫害防治：

①病虫害防治原则。按照"预防为主，综合防治"的植保方针，坚持"以农业防治、物理防治、生物防治为主，化学防治为辅"的无害化控制原则。

②农业防治。选用抗病品种；适期播种；合理轮作；加强管理；拔除并销毁病株。

③物理防治。覆盖银灰色地膜驱避蚜虫，利用振式杀虫灯、性诱剂诱杀成虫。

④生物防治。

a. 天敌：积极保护利用天敌，防治病虫害。

b. 生物药剂：采用生物药剂硫酸链霉素防治软腐病。

⑤主要病虫害药剂防治。以生物药剂为主，使用药剂防治时严格按照 GB 4285　农药安全使用标准、GB/T 8321（所有部分）　农药合理使用准则规定执行。

a. 软腐病：发病初期用 72％的农用链霉素可湿性粉剂 14 克/亩，于莲座中期和包心前期连喷 2 次，收获前 15 天停止用药。

b. 霜霉病：用 72％杜邦克露 100 克/亩，7～10 天 1 次，连续用药 2 次，收获前 15 天停止用药。

c. 小菜蛾：7 月中旬用 10％阿维苏可湿性粉剂 40 克/亩喷雾，只用 1 次，收获前 15 天停止用药。

（7）采收：普通白菜播种越早，抽薹可能性越大，故应及时早收，只要叶球紧包实，即可采收，及时上市，不可拖延。

（8）清洁田园：将根茬败叶和杂草地膜清理干净，集中进行无害化处理，保持田间清洁。

第十节　无公害白萝卜生产操作规程与施肥方案

适用于隰县无公害蔬菜基地内白萝卜的无公害生产。

1. 范围　本标准规定了白萝卜的产地环境要求和生产管理措施，本标准适用于无公害白萝卜生产。

2. 标准的引用

GB 4285　农药安全使用标准

GB/T 8321（所有部分）　农药合理使用标准

NY 5010　无公害食品　蔬菜产地环境条件

3. 产地环境　应符合 NY 5010 的规定，选择地势高燥，排灌方便，土层深厚，疏松、肥沃的地块。

4. 生产技术管理

（1）栽培季节与品种选择：

①栽培季节。白萝卜 4 月中旬至 5 月中旬播种，7 月上旬至 8 月下旬收获。

②品种选择。春萝卜要求品种耐寒性较强，抽薹晚，不易糠心，生产期较短一般为 40～60 天。质地脆嫩，生食熟食均可的品种。目前，生产上常用的品种主要是特新白玉春、赛白玉等。

（2）整地施肥：禁止使用未经国家和省级农业部门登记的化学或生物肥料；禁止使用硝态氮肥；禁止使用城县垃圾、污泥、工业废渣。结合翻地，亩施优质腐熟有机肥 3 000 千克、碳酸氢铵 50 千克、过磷酸钙 30 千克、硫酸钾 15 千克。

（3）播种：

①播种期。春萝卜播种期一般为当地 10 厘米地温稳定在 10℃以上，晚霜前 5 天左右下种，在隰县较适宜时期为 4 月中旬至 5 月中旬。

②铺地膜。播种前 7 天左右，将土地耙平，然后平地铺膜，膜间距 60 厘米。

③播种方法。春萝卜播种采用穴播的方法，一般中型品种行距 17～27 厘米、株距 17～20 厘米，播种深度 2.0～3.0 厘米，每穴用种 1～2 粒，播后点浇小水，水渗下后覆土。

（4）田间管理：

①及时查苗、补苗、间苗、定苗。等萝卜出苗时及时查苗、补苗，对于未出苗的和病株、弱株要及时催芽补种，对于健壮株要及时间苗、培土定苗。

②中耕除草。萝卜在生产期间要及时中耕除草松表土，以促进根的发育。

（5）病虫害防治：

①病虫害防治。原则按照"预防为主，综合防治"的植保方针，坚持"以农业防治、物理防治、生物防治为主，化学防治为辅"的无害化控制原则。

②农业防治。针对主要病虫控制对象，选用高抗多抗的品种；实行严格轮作制度，与十字花科作物轮作 3 年以上；在地块周围适当种植高秆作物作防护带，测土平衡施肥，增施充分腐熟的有机肥，少施化肥，清洁田园。

③物理防治。覆盖银灰色地膜驱避蚜虫，利用频振式杀虫灯、性诱剂诱杀成虫。

④生物防治。

a. 天敌　积极保护利用天敌，防治病虫害。

b. 生物药剂　采用生物药剂苏维士防治小菜蛾。

⑤主要病虫害药剂防治。以生物药剂为主。使用药剂防治时严格按照 GB 4285　农药安全使用标准、GB/T 8321　（所有部分）农药合理使用准则规定执行。

a. 小菜蛾　用 0.1％苏维士可湿性粉剂 40 克/亩或 2％阿维菌素 30 毫升/亩喷雾一次，收获前 15 天停止用药。

b. 跳甲　用 20％绿高乳剂 70 克/亩喷雾一次，收获前 15 天停止用药。

（6）质萝卜的防止：

①先期抽薹防止方法。选用冬性强大品种和种子，如特新白玉春；适时播种；加强管理在生产中一定要加强肥水管理、中耕除草，及时防治病虫害，促使肉质根迅速膨大，使上市期提前。

②糠心的防止方法。选用肉质根致密、干物质含量高的品种，如特新白玉春等；合理施肥，增施钾肥，不能片面施用氮肥；均衡供水，特别要防止前期土壤湿润而后期土壤干旱的现象。

③奇形根的防止方法。选用活力强调种子，尽量不用陈旧种子；栽培地块应选用土层深厚，排水良好的沙质壤土，要深耕细耙，精细整地，无砾石、砖瓦等杂物；间苗、中耕、除草等操作要认真，不要给幼苗或幼根造成机械损伤。

④白绣和粗皮的防止方法。播种不宜过早，生长期不宜过分延长。

⑤黑皮黑心的防止方法。及时播种、松土、增加土壤通透性；防止萝卜黑腐病。

⑥辣味和苦味的防止方法。适期晚播，合理供水，避免日间温度过高，增施有机肥和钾肥。

（7）采收：春萝卜价格是越早越好，因此应及时早收，只要肉质根有商品价值，就要采收，每收一次要压实土壤。

（8）清洁田园：将根茬败叶在杂草地膜清理干净，集中进行无害化处理，保持田间清洁。

第十一节　无公害菜豆角生产技术操作规程与施肥方案

根据无公害食品菜豆角生产技术规程（NY 5078—2005）制定本生产操作规程，适用于隰县无公害蔬菜基地内菜豆角的无公害生产。

1. 范围 本标准规定了无公害菜豆生产技术管理措施。

2. 标准的引用

GB 4285 农药安全使用标准

GB/T 8321 （所有部分）农药合理使用准则

GB 8079 蔬菜种子

NY 5080—2002 无公害食品 菜豆

AY/T 5081—2002 无公害食品 菜豆生产技术规程

NY 5010 无公害食品 蔬菜产地环境要求

3. 产地环境 选择地势平整，土壤肥沃，理化性状良好的壤土或沙壤土为宜，并符合 NY 5010 的规定。

4. 生产技术管理

（1）栽培季节：5 月上旬。

（2）品种选择（参考）：豆角品种选用秋紫豆、架豆王系列品种。

（3）栽培模式：豆角选用与玉米间作套种的模式栽培，一般按玉米与豆角 2∶1 是比例种植，1.2 米为一带，玉米按标准宽窄行即大行距 0.8 米，小行距 0.4 米播种，然后覆盖地膜，在大行内点播 1 行菜豆角，密度随地力确定，一般玉米每亩留苗为 3 000～3 500 株，菜豆角为 1 000～1 700 株。

（4）播种：

①播种前的准备。

a. 土壤选择：表皮较厚、有效磷较多、排水良好，pH 为 6～7 的壤土或沙壤土为宜（地下水位高、黏重、过酸或过碱的土壤，或结构疏松、有效磷少的沙土不适宜），且前茬未种过豆科作物。

b. 整地施肥：一般亩施腐熟优质农家肥 4 000 千克，配合施用碳酸氢铵 50 千克，过磷酸钙 50 千克、硫酸钾 10 千克，全部基肥，一次性使用，生长期一般不追肥。

②播种玉米：4 月中旬按标准播种玉米并盖膜。

③豆角播种期：5 月上旬。

④种子质量：符合 GB 16715.2 的要求。

⑤播种量：1 千克/亩。

⑥播种方法：在玉米膜侧点播。

⑦定植密度：每亩 1 000～1 700 株。

（5）田间管理：出苗后进行 1～2 次中耕除草，查漏补缺，保证苗全苗壮，适度蹲苗，一般不浇水，雨后注意防涝。

（6）采收：

①采收适期。一般情况下，嫩荚应在花后 10～15 天采收，气温较低，花后 15～20 天采收，气温较高则花后约 10 天采收，当豆荚由绿转淡绿，外表有光泽，种子尚未显露或略为显露时采收。采收时掐断荚柄，不能拉摘。

②采收标准。鲜嫩、无虫蛀、无锈斑、不带梗。

（7）清洁田园：及时清除田间病残枯枝败叶和杂草，集中进行无害化处理，保持田间清洁。

（8）病虫害防治：

①锈病。用8%氟哇唑（百奋），亩用量40克，连喷2次。

②豆荚螟。用敌杀死乳油，亩用量30克，整个生长期只需喷药1次。

（9）禁止使用的农药：甲拌磷（3911）、治螟磷（苏化203）、对硫磷（1605）、甲基对硫磷（甲基1605）、内吸磷（1069）、杀螟威、久效磷、磷铵、甲胺磷、异丙磷、三硫磷、氧化乐果、磷化锌、甲基硫环磷、甲基异硫磷、氰化物、克百威、氟乙酰胺、砒霜、杀虫脒、赛力散、溃疡净、氯化苦、五氯酚钠、二溴氯丙烷、401、六六六、滴滴涕、氯丹及其他高毒残留农药。

第十二节　无公害番茄生产操作规程与施肥方案

根据无公害食品番茄生产技术规程（NY 5005—2001）制定本生产操作规程，适用于隰县无公害蔬菜基地内番茄的无公害生产。

1. 范围　本标准规定了番茄的产地环境要求和生产管理措施。本标准适用于无公害番茄生产。

2. 标准的引用

GB 4285　农药安全使用标准

GB/T 8321　（所有部分）农药合理使用准则

NY 5010　无公害食品　蔬菜产地环境条件

3. 产地环境　应符合 NY 5010 的规定，选择地势高燥，排灌方便，土层深厚、疏松、肥沃的地块。

4. 生产技术管理

（1）栽培季节与品种选择：

①栽培季节3月下旬至4月中旬，利用阳畦或大棚播种育苗，5月上、中旬晚霜过后铺地膜定植，7月上旬至9月下旬采收。

②品种选择。宜选择植株长势旺、抗病、抗旱、丰产的品种，当前有：毛粉802、毛红801、晋番茄1号、红抗218、美国大红、中杂4号、美国羞女（自封顶型）、中杂9号、合作908、赛丽斯等。

（2）育苗：

①育苗设施。大棚或阳畦。

②播期。3月中下旬。

③种子处理。

a. 播种量　每亩需种子20～30克。

b. 温汤浸种　把种子放入55℃热水中，维持水温，均匀泡15分钟，时间到了以后，要把水温迅速降到30℃左右，开始转入浸泡，主要防治叶霉病、早疫等。

c. 浸种催芽　种子浸泡6～8小时后捞出洗净，置于25℃条件下保温保湿催芽。

d. 播种方法　选择无风晴天时播种，阳畦整平后浇透水，待水渗下后向面撒 0.3～0.4 厘米厚的细土即可播种，尽量使种子撒均匀，播量 2～3 克/米²。

e. 苗期管理　播种后至出苗前一般不通风，白天保持温度 25～30℃，夜间不低于15℃；当 70％苗出土后开始通风降温，一般白天 15～20℃，夜间 6～10℃；当第一片真叶露尖时要控温，白天 15～25℃，夜间 10～15℃，间苗以间开不使苗拥挤为准。待定植前 7～10 天进行低温练苗，使白天温度保持 18～20℃，夜间 10～13℃，当幼苗叶色较深，新苗根长到土表时即可定植。

f. 适龄壮苗标准　番茄标准苗岭 60 天左右，茎秆粗壮，直立挺拔，高度 20 厘米左右，第一花序现蕾，叶色深绿，茎叶上茸毛较多，秧苗顶部稍平展不突出，根系发达，无病虫害。

（3）定植：

①整地施肥。禁止使用未经国家和省级农业部门登记的化学或生物肥料，禁止使用硝态氮肥；禁止使用城市垃圾、污泥、工业废渣。结合翻地，每亩施入优质腐熟有机肥5 000千克、碳酸氢铵 50 千克、过磷酸钙 50 千克、硫酸钾 15 千克。

②铺地膜。播种前 7 天左右，将土地耙平，然后平地铺膜，膜距 60 厘米。

③定植期。定植期在晚霜过后，10 厘米地温稳定为 8℃以上，一般在 5 月上、中旬进行。

（4）田间管理：

①中耕除草。定植后 5～7 天，应开始中耕，蹲苗，在第一果坐住之前，一般中耕2～3次，第一次要浅，第二次要深，可达 10 厘米左右，第三次又浅，有条件的这时可浇一次催果水，保持土壤见干见湿状态。

②追肥。每采收一次追肥一次，每次追施硫酸钾复合肥 15 千克。

③植株调整。

a. 支架子　一般在蹲苗结束前后搭架，采用人字形或花架形架，架高 1.5 米左右。

b. 整枝　番茄整枝方式依栽培方式、品种和栽植密度而异，具体有以下几种方式。

早熟自封顶品种。自封顶品种 2～3 个蕾果封顶，多采用单干整枝、双干整枝和一干半整枝法。

中晚熟不封顶品种，也有单干、一干半和双干整枝法，但为提高前期产量和总产量，多采用单干整枝法和换头整枝。

c. 保果和疏花　根据地力和植株长势，每留健壮果 3～4 个。

（5）病虫害防治：

①病虫害防治。原则按照"预防为主，综合防治"的植保方针，坚持"以农业防治、物理防治、生物防治为主，化学防治为辅"的无害化控制原则。

②农业防治。选用抗病品种；适期播种；合理轮作；加强管理；拔除病销毁病株。

③物理防治。覆盖银灰色地膜驱避蚜虫，利用高压灯、黑光灯、性诱剂诱杀虫。

④生物防治。天敌积极保护利用天敌，防治病虫害。

⑤主要病虫害药剂防治以生物药剂为主。使用药剂防治时严格按照 GB 4285　农药安全使用标准、GB/T 8321 　（所有部分）农药合理使用准则规定执行。

a. 早疫病用 75％达科宁或 70％代森锰锌可湿性粉剂，亩用量 140 克，视病情隔 7～10 天喷 1 次，交替使用 2 次，效果较好。

b. 根腐疫病用 80％乙膦铝 200 克/亩灌根，喷淋全株，然后培土，促发不定根。

c. 棉铃虫用苏维士可湿性粉剂，亩用量 40 克，视虫情隔 7～10 天喷施 1 次，连喷 2 次，在虫蛀果前全部消灭。

（6）采收：及时分批采收，减轻植株负担，以确保高位果断品质，促进后期果实膨大。

（7）清洁田园：将根茬败叶和杂草地膜清理干净，集中进行无害化处理，保持田间清洁。

第十三节　无公害甜椒生产操作规程与施肥方案

根据无公害食品甜椒生产技术规程（NY 5005—2001）制定本生产操作规程，适用于隰县无公害蔬菜基地内甜椒的无公害生产。

1. 范围　本标准规定了甜椒的产地环境要求和生产管理措施。本标准适用于无公害甜椒的生产。

2. 标准的引用

CB 4285　农药安全使用标准

GB/T 8321　（所有部分）农药合理使用准则

NY 5010　无公害食品　蔬菜产地环境条件

3. 产地环境　应符合 NY 5010 的规定，选择地势高燥，排灌方便。土层深厚，疏松，肥沃的地块。

4. 生产技术管理

（1）露地土壤肥力等级的划分：根据露地土壤中的有机质、全氮、碱解氮、有效磷、速效钾等含量高低而划分的土壤肥力等级。

（2）栽培季节与品种选择：

①栽培季节。3 月下旬至 4 月中旬，利用阳畦或大棚播种育苗，5 月上、中旬晚霜过后铺地膜定植，7 月上旬至 9 月下旬采收。

②品种选择。宜选用抗病、耐热、优质、丰产的品种。目前生产上常用的优良品种有中椒 4 号、中椒 7 号、农大 40、乐丰 9 号等。

（3）育苗：

①育苗。设施大棚或阳畦。

②播期。3 月下旬至 4 月中旬。

③种子处理。亩用量 75 克左右，为培育壮苗，播种前应进行种子处理。将种子入 55℃温水中不断搅拌，保持 55℃水温 10～15 分钟，倒入少许凉水，使水温降到 30℃再继续浸种 12 小时，然后催芽，2～3 天后大部分种子露白时，即可播种。

④苗床准备。及时清除前茬作物的残枝枯叶，深翻作，一般宽 1～1.5 米，长度以地形需要设定，苗床面积为 20～30 米²/亩。

⑤播种方法。播种时选择晴天，浇足底水，水渗透到 12～15 厘米为宜，水渗后撒一层 0.3～0.4 厘米药土，将催芽种子均匀播于面，然后覆 0.8～1 厘米厚的床土，盖塑料薄膜增温、保温。

⑥苗期管理。

a. 温湿度管理：播种后白天气温保持 25～28℃；苗子出土后白天保持 20～25℃，夜间 15～18℃；定植前 7～10 天进行练苗，白天保持 18～20℃，夜间 10～12℃；以增强幼苗抗寒力和抗逆性，苗床一般不浇水，若遇干旱浇小水。

b. 间苗或分苗。为避免幼苗拥挤，应及时间苗，一般齐苗时进行第一次间苗，有条件的地方在幼苗 3～4 片叶时，以 9～10 厘米株距进行分苗。

⑦壮苗标准。株高 20 厘米左右，茎粗 0.4～0.5 厘米，9～12 片叶，生长均匀整齐，70%～80% 植株现蕾，子叶肥大完好，叶片大而厚实，叶色深绿有光泽，根系发达，无病虫害。

（4）定植：

①整地施肥。禁止使用未经国家和省级农业部门登记的化学或生物肥料；禁止使用硝态氮肥；禁止使用城市垃圾、污泥、工业废渣，结合翻地。每亩施入优质腐熟有机肥 5 000 千克，碳酸氢铵 40 千克，过磷酸钙 50 千克，硫酸钾 20 千克，其中有机肥 2/3 撒肥。余量和化肥一同沟施。

②铺地膜。播种前 7 天左右，将土地耙平，然后平地铺膜，膜间距 60 厘米。

③定植期。晚霜过后地温稳定为 10℃ 以上，一般为 5 月上中旬。

④定植方法。甜椒一般采用地膜覆盖小高垄宽窄行种植，垄高 10～12 厘米，宽行 70 厘米，窄行 50 厘米，株距 25 厘米，单株种植，定植时先开穴放苗，然后浇水，水渗下后覆土。

（5）添加管理：

①实收前管理。定植初期地温尚底，为促进早发苗，定植缓苗后及时中耕 1 次，适度轻蹲苗，时间一般为 10～15 天，门椒坐果是追肥催果催秧肥，保证植株的需要，一般亩施尿素 15～20 千克。

②始收至盛果期管理。此期间主要是促秧效果，保持营养平衡关系，争取在炎热高温季节来临前早封垄断关键时期，生产上要争取获得健壮株态，以获高产，门椒采收后（门椒要早收）最好能浇 1 次水，并随水追肥尿素 15 千克，并及时中耕 1 次。

③高温多雨季管理。7 月、8 月的炎夏季节，进行 1 次追肥，亩施尿素 15 千克。

④秋季管理。进入 8 月、9 月，进行追肥尿素 15 千克，同时遇干旱浇水 1 次。

（6）病虫害防治：

①病虫害防治原则。按照"预防为主，综合防治"的植保方针，坚持"以农业防治，物理防治、生物防治为主、化学防治为辅"的无害化控制原则。

②农业防治。选用抗病品种；适期播种；合理轮作；加强和管理；拔除并销毁病株。

③物理防治。覆盖银灰色地膜驱避蚜虫，利用频振杀虫灯、性诱剂诱杀成虫。

④生物防治。

a. 天敌：积极保护利用天敌，防治病虫害。

b. 生物药剂：采用生物药剂苏维士防治棉铃虫。

⑤化学防治。使用药剂防治时严格按照 GB 4285　农药安全使用标准、GB/T 8321（所有部分）农药合理使用准则规定执行。

a. 疫病：用 80％乙膦铝 200 克/亩灌根，7～10 天 1 次，连用 2 次。

b. 病毒病：发病初期可用 20％病毒 A 可湿性粉剂 50 克/亩，喷雾防治，7～10 天 1 次，连用 2 次。

c. 棉铃虫：用苏维士可湿性粉剂 40 克/亩喷雾，7 天左右 1 次，连用 2 次。

（7）采收：甜椒采收的商品成熟度指标较宽，一般花后 25～30 天即可采收嫩果、门椒，对门椒宜早采收，对于长势弱的植株宜早收；长势较晚的宜晚收，轻收，甚至根据市场需要，花后 40～45 天的老龄果甚至红果均可上市，以调节营养生长和生殖生长平衡关系，以利正常开花结果，缓和采收量的波动幅度。

（8）清洁田园：将根茬败叶和杂草地膜清理干净，集中进行无害化处理，保持田间清洁。

第十四节　无公害梨标准化生产的对策研究

1. 范围　本标准规定了无公害梨生产基地的环境质量要求、栽培技术措施、肥料施用原则及方法、病虫害防治原则及方法。本标准适用于无公害梨生产。

2. 标准的引用

GB 4285　农药安全使用标准

GB 7718　食品标签通用标准

GB 8321　（所有部分）　农药合理使用准则

DB15/T 239　梨

DB15/T 358　无公害农产品　产地环境评价要求

3. 产地环境和土壤气候条件

（1）产地环境：生产基地应选择在生态环境良好，无或不受污染源影响或污染物限量控制在允许范围内，生态环境良好的农业生产区域。其环境质量应符合 DB 15/T 358 的规定。

（2）土壤条件：选择有机质 11 克/千克以上，全氮 0.8 克/千克以上；有效磷 10 毫克/千克以上、有效钾 80 毫克/千克以上，阳光充足，通风透气条件好的石灰性褐土种植梨。

（3）气候条件：年平均气温 8.8℃，平均日温差 12.1℃，稳定通过 10℃以上的活动积温 2 914℃；年平均日照时数 2 740.9 小时；年降水量 534.2 毫升，无霜期平均 150 天。

4. 栽培技术

（1）园地选择：应选择有灌水条件、交通便利、土质以沙壤土或壤土的平地或山地为宜，不得在盐碱地、下湿地、红泥地和漏沙地建园。

（2）砧木选择：一般可选择山梨或杜梨做砧木，偏碱性土质砧木宜选择杜梨。

（3）定植方式：可采用永久性成品苗直接定植和坐地砧长穗高接两种方法。

定植密度可采用果粮套种、密植和普通栽培 3 种方法。永久性果粮套种株行距以 3 米×8 米以上栽植；密植园株行距以（2～3）米×（3～4）米栽植；普通栽培园株行距以（3～4）米×（4～6）米定植。

（4）整形修剪：

①整形。采用一干两层开心式、一干一层式和圆柱式 3 种树形。

一干两层开心式即中心领导干上着生两层主枝，达到生长高度后落头开心，此树形适合普通栽植和果粮套种。树体结构为主干高 50～60 厘米，树高 3～4 米，第一层主枝 3～4 个，第二层主枝 2 个，层间距 100～130 厘米，达到树高后落头开心。

一干一层式即中心领导干上着生一层主枝，适宜栽植行距为（2～2.5）米×5 米，主干高 50～60 厘米，树高 3～4 米，基部一层 3～4 个主枝，中心干上直接着生中、小枝组，螺旋式上升排列。

圆柱式适合于密植园整形，主干高 50～60 厘米，树高 3～4 米，中心干上直接着生中、小枝组，各枝组插空上升排列在中心干上。

②修剪。冬季修剪从 12 月开始至第二年 3 月下旬芽萌动前完成。采用短截、疏枝、回缩、长放、拉枝、别枝等方法，扩大树冠，培养结果枝组，使结果和生长发育合理平衡。

夏季修剪从芽萌动后至秋天落叶前进行。采用摘心、扭枝、拿枝、抹芽、刻伤、疏枝、回缩、拉枝开角等方法。

（5）土壤管理：土壤管理可采用清耕、套种、覆盖和生草 4 种方法。

清耕采用全年园地保持清洁、无杂草管理。注意在生长季中耕除草，耕深 10～20 厘米。

套种采用果—麦，果—瓜等模式。注意在树行间不得套种高秆作物和蔬菜。

覆盖采用树盘或树行覆草或覆地膜两种方式。覆草厚度必须为 20 厘米左右，全年可进行覆草；覆地膜在春季进行可起到保水、控制杂草生长等作用。

生草采用树盘或树行内种植苜蓿、三叶草、毛叶苕子、豌豆等豆科植物，年内每次刈割或翻压绿肥。

（6）施肥：

①原则。果园施肥以有机肥为主，重施底肥，合理追肥，控制氮肥施用，禁止施用硝态氮肥，提倡施用专用肥和生物肥。

②方法。基肥主要以有机肥为主，同时每百千克有机肥混入 1～3 千克过磷酸钙作为肥源。施基肥一般在果实采收后至灌冻水前施入。采用环状施肥法和放射状施肥法，即在定植穴（沟）外挖放射状沟或环形沟，沟宽 80 厘米，深 50 厘米。回填土时混以有机肥，表土放在底层，底土放在上层。然后充分灌水，使根土密接。基肥的施入量以每收获 1 千克果施 1 千克肥为标准，即"斤果斤肥"。

追肥主要以速效性化肥作肥料。追肥时间分 3 次施入，果树萌芽期（4 月中旬）施入，追肥总量 10%～20%；枝条速长期（6 月上、中旬）施入追肥总量 30%～40%；果实速长期（8 月上、中旬）施入追肥总量 30%～40%；追肥年总量以每产 50 千克果应施 N 为 0.35 千克，P_2O_5 为 0.2 千克，K_2O 为 0.35 千克计算。前期以氮肥为主，后期以磷、钾肥为主，最后一次地面追肥距果实采收期 30 天以前进行，最后一次叶面追肥距果实采收期 20 天以前进行。

（7）灌水：梨园全年灌水 5 次左右，主要在萌芽开花前灌春水，果实坐果后一般为 6 月上旬灌花后复水，7 月至 8 月上旬干旱季节果实速长期灌 1～2 次水，结冻前结合施基肥灌足冻水。灌水方法应掌握渗水深度 1 米以下，以灌后 3 天地面不积水为宜。

（8）栽培"四定"技术：梨栽培的留枝量、留果量、留花量主要以"四定"栽培技术量化执行，即以树定产，以产定果，以果定花，以花定枝。

①以树定产。

4 年生树平均株产 1.5～2.5 千克。

5 年生树平均株产 15～20 千克。

6 年生树平均株产 25～30 千克。

7 年生树平均株产 35～40 千克。

8 年生以上树平均株产 50～60 千克。

②以产定果。

4 年生树平均每株结果量为 6～10 个果。

5 年生树平均每株结果量为 40～60 个果。

6 年生树平均每株结果量为 100～120 个果。

7 年生树平均每株结果量为 160～180 个果。

8 年生以上树平均每株结果量为 250～300 个果。

③以果定花。

4 年生树留花芽为 9～15 个。

5 年生树留花芽为 60～90 个。

6 年生树留花芽为 150～180 个。

7 年生树留花芽为 240～270 个。

8 年生以上树留花芽为 375～450 个。

④以花定枝。

4～5 年生树长枝占 50%，中、短枝占 50%。

6～8 年生树长枝占 40%，中、短枝占 60%。

8 年生以上树长枝占 20%，中、短枝占 80%。

（9）果实套袋技术：

①果袋规格。梨果袋规格必须选用长 18 厘米、宽 15 厘米以上的标准纸袋。

②套袋技术。果实套袋必须在 6 月上、中旬完成，果实间距必须保持为 20 厘米以上，每花序留果 1 个，果实采收时随袋采果，去除果袋后分级包装。

5. 病虫害防治

（1）主要病虫害：

①主要病害。腐烂病、煤污病、白粉病、叶缘焦边病等。

②主要害虫。梨木虱、蚜虫、叶螨、食心虫、食叶性害虫等。

（2）防治原则：以农业防治为主，生态、生物防治为重点，化学防治为辅的田园无公害控制技术。

①农业防治。搞好田园卫生。早春萌芽前刮翘树皮、结合修剪清理果园落叶、病虫僵果，将刮下的树皮、剪掉的枝条、清理的落叶、僵果携出田外烧毁或深埋。

梨叶缘焦边病采取增施偏酸性液肥或土壤改良剂，忌大水漫灌的方法控制。

②生物防治。

a. 4月中、下旬采用棋盘式挂置载有性诱剂不干胶或水盆式诱捕器（用硬纸片两面覆薄膜后制成长三角形屋脊状，底面涂抹不干胶，顶部安放性诱剂诱芯），每亩设2个，50天更换1次，诱杀梨小食心虫。

b. 用0.3％、0.9％和1.8％的齐螨素乳剂防治梨木虱、蚜虫、螨类等害虫；用25％灭幼脲3号悬浮剂防治鳞翅目食叶性害虫。见表7-7、表7-8、表7-9。

③生态防治。采用适宜苹果梨生长的不同套种模式，实行果—小麦、果—苜蓿间作，为天敌的繁殖生长创造有利条件，利用天敌控制害虫。

④化学防治。及时调查果园病虫发生危害，掌握病虫发生危害动态，适时进行药剂防治。所选药剂注意混用或交替使用。严格掌握施药的剂量、次数和安全间隔期。严禁使用高毒、高残留农药。

严格执行GB 4285、GB 8321规定施药的剂量、次数和安全间隔期。

6. 果实采收、分级、包装、贮存、运输

（1）采收：适时采收，采收时应轻摘轻放，避免表皮碰伤；采收工具应清洁、卫生、无污染。

（2）分级及包装：执行DB 15/T 239，且包装物上应标明果品名称、净重、产地、生产者名称、生产（或收获）日期及无公害农产品的标识。标签应符合GB 7718的规定。

（3）贮存、运输：执行DB 15/T 239。

表7-7　无公害梨病虫防治

物候期	防治对象	防治适期	防治方法
落叶至萌芽前	腐烂病、虫螨	2～3月、10中旬至11月	搞好田园卫生；早春萌芽前刮翘树皮、结合修剪清理果园落叶、病虫僵果，将刮下的树皮、剪掉的枝条、清理的落叶、僵果携出田外烧毁或深埋；同时喷波美度30～50石硫合剂以压低病虫发生基数。对树干上的腐烂病斑要及时刮除，同时用2.12％腐殖酸铜水剂原液、5％菌毒杀水剂100倍液涂抹病斑，涂抹要均匀、全面
萌芽至开花前	梨木虱、蚜虫、食心虫、螨类等害虫	4月	4月上、中旬喷施生物农药或微毒农药0.3％、0.9％、1.8％的齐螨素乳剂1 000倍液、3 000倍液、5 000倍液或0.9％齐螨素（或0.9％爱福丁）+40％辛硫磷（1:1）合剂3 000～5 000倍液。4月中、下旬开始按棋盘式挂置载有梨小食心虫性诱剂的不干胶或水盆式诱捕器，每亩设2个，诱杀食心虫，50天更换1次

（续）

物候期	防治对象	防治适期	防治方法
开花后	梨木虱、螨类、鳞翅目害虫等	4月下旬至6月中旬	喷施齐螨素，防治梨木虱、螨类等，浓度见本表上栏。5月中旬开始，如发生鳞翅目害虫，用25%灭幼脲3号悬浮剂或40%辛硫磷乳油＋25%灭幼脲3号悬浮剂（按1∶1）合剂1 500倍液，每月1次，连喷3次防治
结果期	梨大、小食心虫、梨木虱、蚜虫、螨类、果实及叶部病害	6月下旬至7月上旬	用生物农药或微毒农药0.3%、0.9%、1.8%的齐螨素乳剂或齐螨素＋40%辛硫磷（1∶1）合剂，浓度见本表上栏。同时用5%菌毒杀水剂100倍液或80%大生可湿性粉剂500～1 000倍液控制
果实膨大期	梨大、小食心虫、梨木虱、蚜虫、螨类、果实及叶部病害	7月中旬至8月上旬	用生物农药或微毒农药0.3%、0.9%、1.8%的齐螨素乳剂或齐螨素＋辛硫磷（1∶1）合剂，浓度见本表上栏。同时用5%菌毒杀水剂或80%大生可湿性粉剂控制，浓度见本表上栏
收获前	腐烂病等	9月上旬至10月上旬	及时刮除腐烂病斑，同时用2.12%腐殖酸铜水剂原液、5%菌毒杀水剂100倍液涂抹病斑，涂抹要均匀、全面

表7-8 常见病虫防治推荐使用农药

1. 可用5%菌毒杀AS100倍液涂抹病斑，全面涂抹

2. 早春喷波美度30～50石硫合剂以压低虫螨及病虫发生基数

3. 用5%菌毒杀AS或80%大生WP控制果实及叶部病害，用量及浓度见包装使用说明

4. 用75%代森锰锌WP，防治煤污病，用量及浓度见包装使用防治腐烂说明

5. 用齐螨素＋辛硫磷（1∶1）合剂防治梨木虱、蚜虫、螨类等害虫

6. 用40%辛硫磷EC＋25%灭幼脲3号SC（按1∶1），连喷3次防治鳞翅目害虫

表7-9 禁止使用的农药

甲胺磷、甲拌磷（3911）、水胺硫磷、甲基硫环磷、甲基对硫磷（甲基1605）、对硫磷、甲基异硫磷、久效磷、磷胺、地虫磷、氧化乐果（氧乐果）、速扑杀、涕灭威、呋喃丹、三氯杀螨醇、灭多威等高毒高残留农药

图书在版编目（CIP）数据

隰县耕地地力评价与利用／张婷主编 . —北京：
中国农业出版社，2015.4
ISBN 978 - 7 - 109 - 20261 - 0

Ⅰ.①隰… Ⅱ.①张… Ⅲ.①耕作土壤－土壤肥力－
土壤调查－隰县②耕作土壤－土壤评价－隰县 Ⅳ.
①S159.225.4②S158

中国版本图书馆 CIP 数据核字（2015）第 047034 号

中国农业出版社出版
（北京市朝阳区麦子店街 18 号楼）
（邮政编码 100125）
责任编辑 杨桂华
————————————
中国农业出版社印刷厂印刷 新华书店北京发行所发行
2015 年 6 月第 1 版 2015 年 6 月北京第 1 次印刷
————————————
开本：787mm×1092mm 1/16 印张：9.25 插页：1
字数：220 千字
定价：80.00 元
（凡本版图书出现印刷、装订错误，请向出版社发行部调换）

隰 县 耕 地 地 力 等 级 图

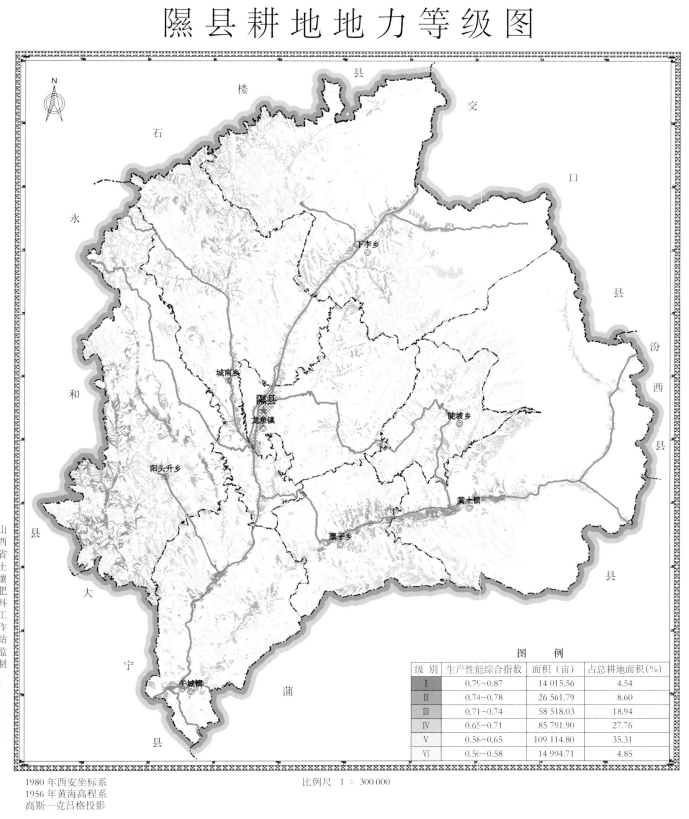

N

县

楼

交

石

口

永

县

汾

下李乡

西

和

县

城南乡

隰县

陡坡乡

龙泉镇

阳头升乡

黄土镇

大

宁

寨子乡

县

县

午城镇

蒲

县

山西省土壤肥料工作站监制
山西农业大学资源环境学院承制 二〇一二年十二月

图 例

级 别	生产性能综合指数	面积（亩）	占总耕地面积(%)
I	0.79~0.87	14 015.56	4.54
II	0.74~0.78	26 561.79	8.60
III	0.71~0.74	58 518.03	18.94
IV	0.65~0.71	85 791.90	27.76
V	0.58~0.65	109 114.80	35.31
VI	0.50~0.58	14 994.71	4.85

1980 年西安坐标系
1956 年黄海高程系
高斯—克吕格投影

比例尺 1∶300 000

隰 县 中 低 产 田 分 布 图

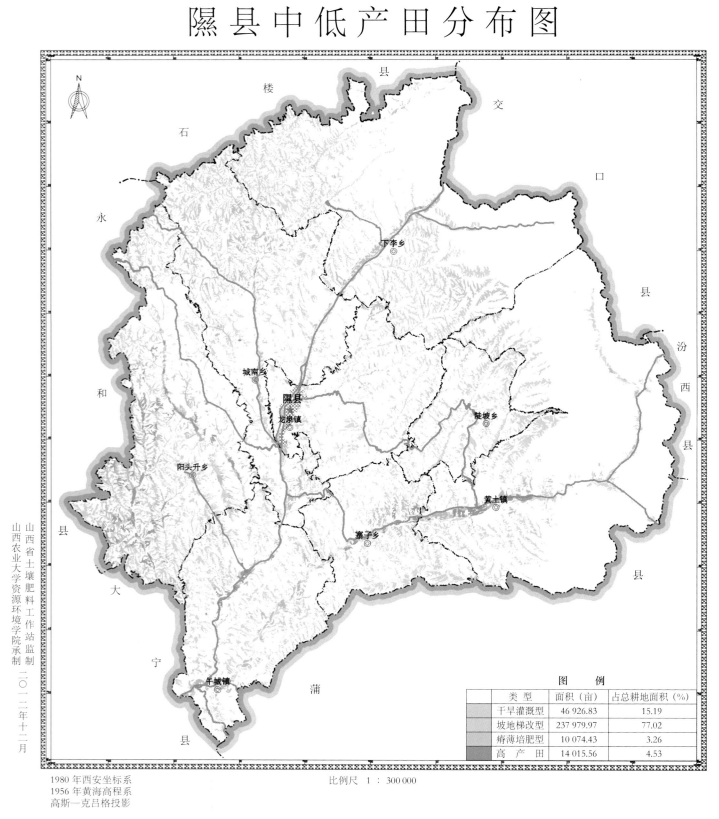

N

楼

石

永

和

县

大

宁

县

蒲

县

县

交

口

县

汾

西

县

县

下李乡 ◎

城南乡 ◎

隰县
龙泉镇 ◎

陇坡乡 ◎

阳头升乡 ◎

黄土镇 ◎

寨子乡 ◎

午城镇 ◎

山西省土壤肥料工作站监制
山西农业大学资源环境学院承制 二〇一二年十二月

图　例		
类　型	面积（亩）	占总耕地面积（%）
干旱灌溉型	46 926.83	15.19
坡地梯改型	237 979.97	77.02
瘠薄培肥型	10 074.43	3.26
高 产 田	14 015.56	4.53

1980 年西安坐标系
1956 年黄海高程系
高斯—克吕格投影

比例尺　1：300 000